长沙市哲学社会科学规划课题重点资助项目
湖南师范大学政治学省级"十四五"重点学科资助

中国乡村何以兴

陈文胜 著

中国农业出版社

北　京

图书在版编目（CIP）数据

中国乡村何以兴/陈文胜著．—北京：中国农业
出版社，2023.4
　　ISBN 978-7-109-30655-4

　　Ⅰ.①中…　Ⅱ.①陈…　Ⅲ.①农村－社会主义建设－
研究－中国　Ⅳ.①F320.3

　　中国国家版本馆 CIP 数据核字（2023）第 071810 号

中国农业出版社出版

地址：北京市朝阳区麦子店街 18 号楼
邮编：100125
责任编辑：任红伟　　文字编辑：孙蕴琪
版式设计：王　怡　　责任校对：吴丽婷
印刷：北京通州皇家印刷厂
版次：2023 年 4 月第 1 版
印次：2023 年 4 月北京第 1 次印刷
发行：新华书店北京发行所
开本：720mm×960mm　1/16
印张：12.75
字数：150 千字
定价：58.00 元

| CONTENTS | 目　录

绪　　论

　　"三农"问题是全党工作的重中之重,振兴乡村是高质量发展的基本盘与压舱石。党的二十大报告提出,"以中国式现代化全面推进中华民族伟大复兴",并强调"全面建设社会主义现代化国家,最艰巨最繁重的任务仍然在农村",要求加快建设农业强国,建设宜居宜业和美乡村①。标志着推进农业大国向农业强国跨越,成为中国式现代化战略目标下全面推进乡村振兴的时代要求。

一

　　从历史发展逻辑看,在中国式现代化进程中,实施乡村振兴战略已经成为新时代"三农"工作的总抓手,必须围绕农业农村现代化的总目标,坚持"农业强、农村美、农民富"的导向,实现农业高质高效、乡村宜居宜业、农民富裕富足。确保重要农产品特别是粮食供给是乡村振兴的首要任务,建设农业强国是乡村振兴的首要战略目标与根基所在,全面推进乡村振兴成了新时代建设农业强国的时代使命。因此,"要立足国情农情,体现中国特色,建设供给保障强、科技装备强、经营体系强、产业韧性

---

① 习近平.高举中国特色社会主义伟大旗帜 为全面建设社会主义现代化国家而团结奋斗[N].人民日报,2022-10-26(1).

强、竞争能力强的农业强国"①，这也回应了在全面推进乡村振兴中建设什么样的农业强国、怎样建设农业强国的时代命题。

从发展抓手看，科技创新和制度创新体现农业现代化强国的特征。一方面，科技是第一生产力，对农业现代化发挥着决定性作用。科技创新始终是农业现代化的前奏和先导，决定着农业现代化的前沿变化和趋势。农业技术形态的不断进步，推动传统农业向现代农业不断演进。如科技创新引发的每一次种子革命，都推动农业实现质的飞跃，对农业发展的飞跃产生了革命性的影响。因此，必须把种业科技创新作为建设农业现代化强国的重中之重，守住"端稳中国饭碗"的战略底线。另一方面，制度创新是农业现代化的内在动力。因为农业科技创新推动农业发展方式的每一次变革，就必然相应提出对农业制度创新的客观要求。习近平总书记多次强调，"要以市场需求为导向调整完善农业生产结构和产品结构"②，"农民种什么、养什么，要跟着市场走，而不是跟着政府走"③。这就要求着力破解农业资源要素错配与市场扭曲问题，发挥市场对结构性调整的决定性作用，关键是创新制度供给、创新政策供给、创新公共服务供给，以畅通农业供需通道，充分激活市场活力、要素活力、主体活力，使农业供给不断满足市场需求的变化，有效调动农民和基层的积极性。

基于国情建设有中国特色的农业强国。习近平总书记强调，"'大国小农'是我们的基本国情农情，小规模家庭经营是农业的

---

① 中共中央,国务院.中共中央国务院关于做好二〇二三年全面推进乡村振兴重点工作的意见[N].人民日报,2023-02-14(1).

② 习近平李克强张德江俞正声刘云山王岐山张高丽分别参加全国人大会议一些代表团审议[N].人民日报,2016-03-09(1).

③ 习近平.走中国特色社会主义乡村振兴道路[M]//论坚持全面深化改革.北京:中央文献出版社,2018:401.

本源性制度"①。"家家包地、户户务农，是农村基本经营制度的基本实现形式"，"不能片面追求快和大，不能单纯为了追求土地经营规模强制农民流转土地，更不能人为垒大户"②。一方面，在任何国家、任何时代、任何社会制度中，农业经营虽存在规模大小的不同，但基本上都以家庭经营为基础，这既是人类社会发展进程中的历史现象，也是人类社会发展进程中的普遍现象。另一方面，"人均一亩三分地，户均不过十亩田"的资源禀赋，决定了我国在加快推进工业化、城镇化、现代化的进程中，只能通过健全农业社会化服务体系以实现小规模农户和现代农业发展的有机衔接，突出农业资源禀赋的多元优势与多重功能，以大食物观构建多元化食物供给体系，全方位夯实粮食安全根基。

中国地形复杂多样，平原、高原、山地、丘陵、盆地5种地形齐备，是一个多山之国，又是一个多水之国，素有"三山四水一分田"之称，长期以来形成了农业生产与饮食多元结构的传统，农产品品种繁多且物产丰盛，呈现农业发展区域差异性与发展路径多元性的双重面向。而"人均一亩三分地"不仅是农业发展的最大短板与最大约束，也是农业高质量发展的重点和难点所在。这就需要立足于当前城镇化发展、人口老龄化、人工智能发展、生态"双碳"目标等宏观发展大背景，从农业发展的结构性困境出发，围绕农产品消费结构性变迁导致的供给侧结构性矛盾、农业生产南退北进变迁导致的区域结构性矛盾、农地资源先天性局限导致的人地结构性矛盾、农村"空心化"与劳动力老龄化导致的城乡结构性矛盾等基本问题，来研判建设农业强国目标

---

① 习近平.走中国特色社会主义乡村振兴道路[M]//论"三农"工作.北京:中央文献出版社,2022:245.

② 习近平.在中央农村工作会议上的讲话[M]//中共中央文献研究室.十八大以来重要文献选编:上.北京:中央文献出版社,2014:670-671.

下农业高质量发展的矛盾与突破路径。

基于中国特有的人地关系、地理禀赋、资源环境，可通过技术效应与分工效应实现人工智能赋能，通过结构效应与空间效应实现地域资源赋能，通过生态效应与低碳效应实现绿色生态赋能，从纵向与横向把农业总体层面趋势与区域层面优势结合起来，以舌尖上的美味为导向，以大食物观为引领，推进区域特色赋能，使农产品品种结构从满足基本生活需求，向适应优质化、多样化、分层化的消费需求转变，向适应个性化消费时代的市场差异性需求转变。

因此，建设农业强国要立足于不同区域的农业资源的优势与特色，进一步明确区域分工，全面优化农产品品种的区域结构，形成区域特色化、差异化的农业生产分工布局，避免区域农业同质化恶性竞争，促进农业高质高效发展。

二

推进农业农村现代化，关键要看能否得到广大农民的支持和拥护。一些地方在乡村建设的过程中，没有广泛征集农民的意见和诉求，一定程度上还伤害了农民建设自己家园的积极性，难以激发乡村的内在活力，偏离了乡村振兴的目标。针对农民群众和社会公众关心的热点问题，党中央明确要求在扎实推进宜居宜业和美乡村建设中，必须立足乡土特征、地域特点和民族特色提升村庄风貌，防止大拆大建、盲目建牌楼亭廊"堆盆景"，并特别强调，"严禁违背农民意愿撤并村庄、搞大社区"①。这无疑是坚持乡村振兴为农民而兴、乡村建设为农民而建的体现，是在乡村

---

① 中共中央,国务院.中共中央国务院关于做好二〇二三年全面推进乡村振兴重点工作的意见[N].人民日报,2023-02-14(1).

振兴中实现农民群众当家作主的政治承诺，回应了建设什么样的"和美乡村"、怎样建设"和美乡村"的现实问题。

建设宜居宜业的和美乡村，是建设农民自己的家园，农民才是最有发言权的人，理所当然要尊重农民意愿，制度的安排应突显农民的主体地位。这就必然要求站在农民的立场，聆听农民需要什么样的生活、什么样的乡村，给乡村社会以充分的话语权、自主权，以发挥农民的主体作用，创造真正属于他们的生活。以农民群众答应不答应、高兴不高兴、满意不满意为衡量乡村振兴成效的根本尺度，对农民的政治权利、经济权利、文化权利、社会权利始终保持敬畏之心，赋予农民充分的话语权和自主权，调动广大农民群众的积极性、主动性和创造性，焕发乡村振兴的内生动力。

乡村振兴是伴随中国式现代化建设全过程的一项长期性任务，必须从社会主义初级阶段的基本国情出发，遵循经济社会的发展规律，因地制宜，循序渐进，防止在实践中演变为"大跃进"运动。为了正确把握乡村社会变迁的趋势与改革方向，以维护农民的权益为出发点，站在把握乡村可持续发展规律的战略高度，第十三届全国人民代表大会常务委员会第二十八次会议通过《中华人民共和国乡村振兴促进法》，在国家法律层面要求以尊重农民意愿为基础，严禁违反法定程序撤并村庄，严格规范村庄撤并。这应该成为一个基本遵循。因为怎样推进乡镇和村庄的区划调整，以拓展和优化乡村发展空间，不仅是关系到农民切身利益的现实问题，更关系到能否遵循乡村发展的客观规律，关系到中国全面现代化能否顺利推进。

推进宜居宜业的和美乡村建设必须遵循乡村发展的差异性与多元性，而乡村发展的差异性与多元性不仅体现在自然环境方面，更体现在地域人文元素方面。建立在不同地缘、血缘基础上的民居、族谱、祠堂、祖坟、古树、牌坊、石碑、石桥、村道等不同文化元素，构成了各个村庄独有且无法逆转的历史记忆，使各个村庄拥有不同的过去、不同的现在以及不同的未来。因此，要充分尊重村庄的风土人情，突出地域人文元素，把保护乡村自然风貌和挖掘人文资源作为人居环境与村容村貌提升工作的重要内容，建立村容村貌管理和人居环境治理的目标管控约束机制，留住绿水青山，留住乡愁。

一方面，建立村容村貌建设的目标清单管理制度，明确各方的职责与权限，对于符合村容村貌整体规划的，列出正面清单。由县级政府提出指导性原则和供农民选择的多种民居设计图，使村容村貌提升工作符合村庄与村民的实际需求；列出明确的负面清单，禁止大拆大建、搞形象工程，加强对村庄古树、古桥、古井、老屋等的保护与修缮，把村庄古迹打造成村庄的标志，彰显村容村貌的个性特色。

另一方面，强化对无法降解的环境污染产品进村入户的目标管控，确保乡村环境从源头上得到根治。全面加强绿色节能新技术和装配式建筑在乡村基础设施建设、农村人居环境治理、生态建设保护等方面的推广应用，倡导打造节约成本、生态环保和具有乡土气息的村庄公共空间，推进乡村生产、生活、消费绿色化，做到尊重自然、顺应自然、保护自然，实现人与自然的和谐共生。

三

共同富裕是中国式现代化的重要特征，也是农业农村现代化的核心目标。因此，增加农民收入不仅是巩固脱贫攻坚成果的首要工程，更是实现共同富裕的基础工程与"三农"工作的主线。习近平总书记强调，"农业农村工作，说一千、道一万，增加农民收入是关键①。"如果农民收入没有增加，农民生活得不到改善，不仅实现共同富裕将成为一句空话，乡村振兴也将难以顺利推进。党中央从促进农民就业增收、促进农业经营增效、赋予农民更加充分的财产权益3个方面提出拓宽农民增收致富渠道，并要求"构建产权关系明晰、治理架构科学、经营方式稳健、收益分配合理的运行机制，探索资源发包、物业出租、居间服务、资产参股等多样化途径发展新型农村集体经济"②。回应了实现共同富裕需要发展什么样的"新型农村集体经济"、怎样发展"新型农村集体经济"的实践难题。

让财产性收益成为收入不断增长的来源，不断缩小城乡居民收入差距。尽管农村居民收入增长速度总体上在不断提升，但整体的收入水平仍然偏低，城乡居民收入差距依然突出，其中，公民身份的城乡二元、土地身份的城乡二元成为实现共同富裕的制度性障碍。从农民收入结构看，相对于城镇居民的财产性收入，农民的财产性收入所占比重过小是最明显的特点。党的二十大报告进一步明确要求："深化农村土地制度改革，赋予农民更加充分的财产权益。"③ 以此缩小城乡差距，让农民平等参与现代化进程，共享现代化成果。

探索新型农村集体经济发展的有效路径，走共同富裕之路，处理好农民与土地的关系，推进动力变革与制度变革。党的二十大报告提出"巩固和完善农村基本经营制度，发展新型农村集体

---

① 习近平.农业农村工作,增加农民收入是关键[M]//论"三农"工作.北京:中央文献出版社,2022:46.

② 中共中央,国务院.中共中央国务院关于做好二〇二三年全面推进乡村振兴重点工作的意见[N].人民日报,2023-02-14(1).

③ 习近平.高举中国特色社会主义伟大旗帜 为全面建设社会主义现代化国家而团结奋斗[N].人民日报,2022-10-26(1).

经济"①，这是推进中国式现代化、促进共同富裕的重要战略举措。习近平总书记强调，"深化农村改革，必须继续把住处理好农民和土地关系这条主线，把强化集体所有制根基、保障和实现农民集体成员权利同激活资源要素统一起来，搞好农村集体资源资产的权利分置和权能完善，让广大农民在改革中分享更多成果"②。根据国务院发布的《关于印发"十四五"推进农业农村现代化规划的通知》要求，处理好农民和土地的关系，必须"坚持农村土地农民集体所有、家庭承包经营基础性地位不动摇，保持农村土地承包关系稳定并长久不变"，尊重农民意愿，维护农民权益。

不断推动集体所有制的单一实现形式向多种实现形式演变，不断优化以集体所有制为主体，多种所有制共同合作，并按要素分配的农村集体经济。如何建立符合市场经济要求的集体经济运行机制，赋予农村集体经济以新的时代内容，在一定程度上将决定农业农村现代化的方向。回顾农村改革的进程，随着工业化和城镇化不断推进，农业效益不断递减，工商业效益不断递增，农民的土地利益经历了由取消农业税前"交足国家的，留足集体的，剩下都是自己的"，到"交足国家的，剩下没有多少是集体的，更没有多少是自己的"，再到取消农业税后"农民不交国家的，不考虑集体的，剩下仍然没有多少是自己的"的历史变迁，农民在市场竞争中处于越来越不利的地位，局限性逐渐显露出来。其中最为关键的问题，就是农村集体所有制有个急需破解的先天性局限：市场经济的开放性有助于土地要素的优化配置，而

---

① 习近平.高举中国特色社会主义伟大旗帜 为全面建设社会主义现代化国家而团结奋斗[N].人民日报,2022-10-26(1).

② 习近平.锚定建设农业强国目标 切实抓好农业农村工作[N].人民日报,2022-12-25(1).

集体所有制内含成员制，成员制又具有排他性、封闭性，因此成为问题的核心和症结所在。

为此，要稳步推进农村集体产权制度改革，推动资源变资产、资金变股金、农民变股东，建立符合市场经济要求的集体经济运行新机制。也就是要不断推动集体所有制的单一实现形式向多种实现形式演变，不断优化以集体所有制为主体，多种所有制共同合作，并按要素分配的农村集体经济，从而超越西方的发展道路，又弥补了传统集体所有制的历史局限，推进社会主义制度创新。

四

党的十九大报告提出建立健全城乡融合发展体制机制和政策体系，主要是顺应破解城乡发展不平衡、乡村发展不充分问题的时代要求，这就需要深入推进农村改革在破除城乡二元结构上取得关键性突破，以保护并不断增加农民的利益。习近平总书记提出，要破除妨碍城乡要素平等交换、双向流动的制度壁垒，促进发展要素、各类服务更多下乡，率先在县域内破除城乡二元结构[①]。从而明确了城乡融合发展要率先在县域层面推进，回应推进农业农村现代化需要什么样的农村改革、怎样进行农村改革的关键性问题。

县域以县城为中心，以乡镇为纽带，以村庄为腹地，是连接城乡的宏观经济与微观经济的结合部，是工业化、城镇化、信息化与农业农村现代化的连接点。在县域与城市之间，县域代表乡村承接城市的辐射与带动；在县域与乡村之间，县域代表城市吸

---

① 习近平.锚定建设农业强国目标 切实抓好农业农村工作[N].人民日报,2022-12-25(1).

纳农村劳动力，直接推动农业农村现代化。因此，县域无疑是城乡融合发展的有效突破口。中国是个农业大国，绝大部分国土在县域，绝大部分人口在县域，县域不仅是全面现代化的重头戏，更是决定农业农村现代化成败的关键，不以城乡融合发展激发县域的改革动力，全面推进乡村振兴就会成为一句空话[1]。

在构建新发展格局的关键阶段，迫切需要突破已有的发展模式，寻找新的动力源泉以加速转型突破。存在于县域内的城乡二元明显差别，以及存在于县域与大城市之间的城乡二元根本差别，严重影响了国民经济内循环的畅通，因此县域是破除城乡二元结构的焦点。如何不断缩小城乡居民收入差距，实现农民富裕富足，最大难点在县域，重点和着力点也在县域。因此，全面现代化最繁重的任务集中在县域，国内大循环最艰巨的任务也集中在县域。显然，中国县域有辽阔的区域空间和生态优势，是最大的潜在内需市场，是最具活力的战略发展空间，需要突破已有发展模式加速转型。

只有以县域城乡融合发展为取向，推进农村发展动力变革，建立健全体制机制和政策体系，才能为经济转型找到有效的突破口，为农民富裕富足提供更有力的制度支撑。这就需要强化县城服务农民的综合服务能力，突出乡镇服务农民的区域中心地位，着力解决县域层面各类主体发展不平衡、小农户分享农业现代化成果不充分、农民增收渠道拓展不充分、城乡资源配置不平衡、农民权益享受不充分等现实难点与堵点，加快公共服务向农村延伸、社会事业向农村覆盖，加快城乡要素双向流动，推进农业发展与工业发展对接，推进农村发展与城镇发展对接，推进农村资

---

① 陈文胜,李珊珊.论新发展阶段全面推进乡村振兴[J].贵州社会科学,2022(1):160-168.

源要素与城市资源要素对接，推进资源利用与环境保护对接，使乡村的优美环境、人文风俗、历史文化、特色资源等在空间上集聚，实现城、镇、村三者的功能分工与互补，优化城乡空间的区域布局，推动县域工业化、城镇化，培育县域经济发展的新增长点，以此作为推进农业农村现代化的发动机，为乡村振兴培育新的发展优势，从而不断拓宽农民的增收渠道，不断促进农民收入持续增长，不断缩小城乡居民生活水平差距，不断推进农业转移人口市民化，对建立健全最广泛、公正的城乡权益共享机制，完成构建城乡命运共同体的城乡融合发展历史答卷，具有重大的战略意义。

第一章　大国乡村的现代化趋势与方向

　　党的二十大报告强调，"全面建设社会主义现代化国家，最艰巨最繁重的任务仍然在农村"，要求"全面推进乡村振兴"[①]。回顾中国工业化、城镇化的历史进程，从农业税赋到土地财政，中国农民为中国现代化的积累做出了无与伦比的奉献。十六届四中全会提出"两个趋向"论断与党的十九大提出实施乡村振兴战略，就是要从根本上改变长期牺牲农村、牺牲农民的发展状态，明确工农城乡的平等地位。我国正处于向第二个百年奋斗目标进军的新发展阶段，这是决定中国未来的历史拐点。在国内外经济环境面临前所未有的挑战，又遭遇全球新冠疫情暴发的背景下，随着工业化、城镇化减缓，能否持续释放农业农村发展红利，能否避免加大吸取乡村资源要素的力度，这既是农业农村优先发展原则能否坚持下去的现实问题，也是党中央战略决策能否贯彻执行的风向标，更决定着能否顺应农业农村现代化的趋势与方向。

一、乡村振兴：伴随着全面现代化全过程的历史进程

　　习近平总书记在党的十九大报告中首次提出"坚持农业农村优先发展"，把农业农村摆在前所未有的国家战略高度，实现了

---

① 习近平.高举中国特色社会主义伟大旗帜 为全面建设社会主义现代化国家而团结奋斗[N].人民日报,2022-10-26(1).

012

第一章　大国乡村的现代化趋势与方向

从优先满足工业化和城镇化的需要到优先满足农业农村发展需要的历史转轨。从实现"两个一百年"的奋斗目标出发，2018年中央一号文件明确了乡村振兴战略的时间表、路线图：到2020年，乡村振兴取得重要进展，制度框架和政策体系基本形成；到2035年，乡村振兴取得决定性进展，农业农村现代化基本实现；到2050年，乡村全面振兴，农业强、农村美、农民富全面实现[①]。因此，乡村振兴是一项长期的历史性任务，不仅伴随着全面现代化建设的全过程，更是一个自然的历史发展进程，在不同时期、不同阶段的具体任务、发展思路、实施路径绝不相同，这体现着马克思主义的基本观点，而靠运动式发展，我们历史上曾经有过深刻的教训。因此，必须从社会主义初级阶段的基本国情出发，遵循经济社会发展规律，因势利导，使乡村振兴成为顺势而为、水到渠成的发展进程。在人类社会的历史演进中，超越发展水平和自然禀赋，通过人为强制推动社会进程，最终都会导致事与愿违的结果。

习近平总书记在参加十三届全国人大一次会议山东代表团审议时提醒，实施乡村振兴战略要"功成不必在我"[②]，就是要求不要搞急于求成、短期见效的"大跃进""跨越工程"，跑步"建设美丽宜居乡村"，以避免偏离本地发展阶段的客观要求而导致发展目标具有盲目性。因为一个地方的经济社会发展同样是一个自然的历史发展进程，中国幅员辽阔，地区间受地理位置、资源禀赋、历史基础、政策取向等多方面因素影响，经济社会发展不均衡，发展呈现多元形态，不同地区处于不同的经济社会发展阶

---

① 中共中央,国务院.中共中央国务院关于实施乡村振兴战略的意见[N].人民日报,2018-02-05(1).

② 习近平李克强王沪宁赵乐际韩正分别参加全国人大会议一些代表团审议[N].人民日报,2018-03-09(1).

段，存在的主要问题不尽相同，经济社会发展水平不一，所处的现代化进程中的发展阶段不一，发展目标、历史任务、发展形态和发展方式必然不同，不可能向一个目标、以一个模式同步发展。为了防止出现一哄而上、急于求成而搞"一刀切"的运动式发展，2018年中央一号文件提出的基本原则之一就是坚持因地制宜、循序渐进："科学把握乡村的差异性和发展走势分化特征，做好顶层设计，注重规划先行、突出重点、分类施策、典型引路。既尽力而为，又量力而行，不搞层层加码，不搞一刀切，不搞形式主义，久久为功，扎实推进"[①]。一开始就要制定并坚持正确原则，一旦走偏，要走回头路就很难了。

全面乡村振兴刚刚起步，各地在乡村发展、乡村建设、乡村治理、农村改革等方面做了大量工作，取得了显著成效，但也存在各种问题与挑战，主要表现在以下几个方面：

农业结构性矛盾依然突出，农民增收形势依然严峻。农业结构性矛盾依然是中国农业产业发展的突出问题，也是影响农业增效、农民增收的瓶颈。调研发现，很多地方大宗农产品供大于求、不少特色优质农产品同质竞争的情况至今没有得到改善。各地农业产业的重心仍然在第一产业，农产品加工和服务业发展缓慢。一些产业无序全面推广，导致区域主导产业结构同质化问题突出，而农业结构性矛盾严重影响农业的效益，最终影响了农民收入的增加。

要素支撑明显不足，政府与市场关系明显不顺。乡村振兴的关键要素是"人、地、钱"。从"人"的要素看，经济发展落后的乡村往往存在一个怪圈：一方面，人才极缺，普遍存在后继乏

---

① 中共中央，国务院.中共中央国务院关于实施乡村振兴战略的意见[N].人民日报，2018-02-05(1).

人的现象；另一方面，又设了身份、年龄、学历等条条框框，加剧了人才匮乏和经济落后。从"地"的要素看，目前建设用地存量少，新增建设用地难度较大。从"钱"的要素看，农业产业投资大、周期长、收益低、风险大，金融机构投入积极性不高，工商资本观望居多，农民自身资金不足，而政府在财政减收的情况下如何稳定"三农"投入也是最现实的难题。另外，由于政府大包大揽地干预农民具体的经营行为和生产行为，导致供给结构与需求结构出现脱节，影响了市场机制作用的发挥，导致政府越位与市场缺位的问题非常突出。

绿色乡村发展理念不强，村容村貌管理机制不全。随着近年来农村人居环境整治工作的加快推进，村容村貌发生了很大的变化，但也存在突出的现实问题，主要表现在乡村环境基础设施还比较薄弱，特别是偏远山区的污染防治缺乏相应的投入保障机制，导致环境治理流于形式。同时，"一刀切"的工作机制滋生急功近利行为，规划管理滞后难遏农民无序建房，土地利用碎片化导致村庄建设布局凌乱，传统老屋与文化地标的保护机制缺失使村庄人文个性渐失。

文化建设突出留住"乡愁"不够，因地制宜传承提升乡土文化不力。主要表现为乡风民俗在强势的都市文明的冲击下逐渐衰落，乡风文明建设忽视久久为功，导致短期行为盛行。个别地区的移风易俗存在简单地废旧立新的现象，没有全面把握好习近平总书记关于留住"乡愁"的乡村文化振兴要求。如婚丧等百年相承的乡风民俗，在乡村社会生活中极为庄重、神圣，是普通农民的生命尊严与价值所在，个别地区却对此缺乏起码的敬畏之心，没有突出"乡愁"的历史文脉传承与提升，要么使之成为乡土文化的简单翻版，要么将地方传统文化强制现代化，最终因土不土、洋不洋而不伦不类，引发乡村传统文化的危机。一些地区的文化设施建设没有结合农民需求，而是按照城市项目设计思路，修建的文化设施要么选址不合理，村民使用不方便，要么与农民需求脱节而闲置，甚至沦为摆设。

农民首创精神发挥不够，基层治理自主性不高。乡村基层治理不仅仅是构建秩序，更重要的是要激发农民的首创精神，使之成为乡村振兴的新动能。个别地区在具体工作中没有处理好坚持党的领导和尊重农民首创精神的关系，以加强领导为借口，只强调"长官意志"的顶层设计，缺乏群众路线的问计于民，导致农民处于服从与被支配的地位，逐渐丧失了自主能力和首创精神，也影响了乡村社会的民主秩序，使村民自治流于形式。

中国全面现代化正处于滚石上山、爬坡过坎的关键阶段，党中央提出"民族要复兴，乡村必振兴"这样一个关系大局的重大发展主题，明确"三农"工作重心的历史性转移，把稳住农业基本盘、守好"三农"基础作为应变局、开新局的"压舱石"。因此，必须强化底线思维和忧患意识，牢守防返贫与粮食安全的两条底线，以提高农业质量效益和竞争力来确保国家粮食安全，以实施乡村建设行动来推进宜居宜业和美乡村建设，以健全城乡融合发展机制来深化农村改革，主动应对经济发展面临的诸多不确定性，从根本上把握有效应对的主动权，确保中国式现代化顺利推进。

二、农民需要什么样的家园：乡村发展的底线

习近平总书记在参加十三届全国人大一次会议山东代表团审议时指出，乡村振兴要充分尊重广大农民意愿[①]。2018 年中央一

---

① 习近平李克强王沪宁赵乐际韩正分别参加全国人大会议一些代表团审议[N].人民日报,2018-03-09(1).

号文件提出的基本原则之一就是坚持农民主体地位："充分尊重农民意愿，切实发挥农民在乡村振兴中的主体作用，调动亿万农民的积极性、主动性、创造性，把维护农民群众根本利益、促进农民共同富裕作为出发点和落脚点，促进农民持续增收，不断提升农民的获得感、幸福感、安全感。"[1] 这就要求实施乡村振兴战略，必须以农民主体地位为立场，站在属于农民的乡村，去聆听农民需要什么样的生活、需要什么样的乡村，给乡村社会以充分的话语权、自主权，以激发农民的主体作用，创造真正属于他们的生活，让农民成为乡村振兴的真正主体。在韩国的"新村运动"中，政府只提供指导性意见，具体的乡村规划和建设主要由农民决定。

在推进乡村振兴的过程中，一些地方领导干部仍存在"长官意志"、替民做主的问题，没有广泛征集农民的意见和诉求，图一时政绩，凭地方政府意志行政化、单方面地规划和推进，使农民自己的家园"被做主"。如引起社会广泛关注的村庄大规模撤并，根本原因就是时任中央农村工作领导小组副组长陈锡文所说的"拆村造城运动"，核心是把属于农民的大量农村建设用地集中起来，通过增减挂钩、占补平衡换取城市建设用地指标，以获取巨额的土地收益，因而一些地方领导干部的积极性非常高[2]。《中华人民共和国物权法》明确规定农民住宅为财产，赋予农民财产权，有些地区的合并村庄及强制拆迁，不仅严重侵害了农民的核心利益，还涉嫌严重违法。

不断消灭村庄、消灭乡村，实质就是在传统的城乡二元体制惯性下继续牺牲农村、牺牲农业、牺牲农民，使"三农"问题的

---

[1] 中共中央,国务院.中共中央国务院关于实施乡村振兴战略的意见[N].人民日报,2018-02-05(1).

[2] 陈锡文.农地制度改革歧路[J].改革内参,2010(38):1-5.

焦点由农民税费负担转变为土地财政目标下的村庄拆迁。在农民看来，就是由政府统一进行的房地产开发。城市建设征收土地的收益归地方政府有一定道理，但非征收土地的收益是城镇化进程中留给农民的最后一根稻草，应该是属于农民的利益，是属于村集体经济组织的收益。政府推进合村并居，将通过增减挂钩、占补平衡获得的收益用于归属地的农民和村集体，农民必然会欢迎和支持。让农民有利可图，无需强行推进，农民自会争先恐后跟着政府走。在当下的经济环境下，不少地方政府的财政都收不抵支，哪有红利给农民？不少农民坚决抵制，说明那些地方政府的行为与农民利益背道而驰。

强迫农民上楼不是个别地方独有的现象，全国各地都不同程度地出现过。陈锡文曾如此评价：城乡建设用地增减挂钩被一些地方政府滥用，他们看准的是农村建设用地置换的建设用地指标，从而大拆农民房，导致农村快速消亡；农村城镇化是一个趋势，但是需要自然转化，不能大拆大建一蹴而就[1]。在几百年间形成的村落是农民经过世世代代自然选择的结果，这样进行人为消除，后果不堪设想。有些地区不像江浙发达地区那样羞羞答答地拆零并整，而是大张旗鼓直接拆一个村子，那就是几百亩成片的土地，建造所谓的"农村社区"高楼，一个单元就可以装下一个村子，何乐而不为？农民失去了屋前屋后种养方便的自给模式庭院，失去了世代居住的宅基地，掏空一生积蓄，买回没有产权且还要装修的房子，倾注半生心血建造家园变成废墟，掏空家底搬到楼里，生产工具无处安放，连喝水都要付费，更加入不敷出。强迫农民上楼还会造成社区占用优质良田、复垦旧村地力贫

---

① 陈文胜.农民与土地关系中的改革逻辑——对话陈锡文[M]//论道大国"三农"——对话前沿问题.北京:中国农业出版社,2021.

瘠的问题。习近平总书记就指出："搞占补平衡不能把好地都占了，用劣地、坡地、生地来滥竽充数，最终账面上是平衡了，但耕地质量是大大亏空了。这不是自欺欺人吗?!"① 大拆大建还摧毁了乡村千年生态，割裂了农民和赖以生存的土地的关系，导致农民的未来生活充满不确定性。

有农民会问，自然形成的村落，农民祖祖辈辈生活的地方，为什么非要合起来，难道就没有比拆迁更好的推进乡村振兴的办法吗？世界上有哪一个国家的农业农村现代化是在村庄大拆大建的基础上完成的呢？整个乡村系统自上而下全面瘫痪，乡村振兴会在新的乡村地产经济中实现吗？问题症结不是如何尊重农民意愿以避免强拆，而是一旦开始整村大规模拆迁就必然是强拆。有些农民好不容易盖起来的房子，还没住多久就给拆了，这让本就不富裕的农民雪上加霜。

三、"记得住乡愁"：传统文化的最后防线

美国政治学家亨廷顿认为，城乡区别就是社会最现代部分和最传统部分的区别②，其中，根本的是城乡文明的差异。当今世界正经历百年未有之大变局，需要用大历史观来审视中国乡土文化的传承与发展问题，只有深刻地理解中华民族的根在乡村，才能更好地在全面推进乡村振兴的进程中把握乡村文化振兴的目标与方向。

中华文明最遥远绵长的根在村庄，大量重要的历史人物和历史事件与村庄的名字紧密相连，其价值绝不亚于万里长城。习近

① 习近平.在中央城镇化工作会议上的讲话[M]//中共中央文献研究室.十八大以来重要文献选编:上.北京:中央文献出版社,2014:596.
② 亨廷顿.变化社会中的政治秩序[M].王冠华,刘为,译.上海:上海人民出版社,2021:67.

平总书记就明确指出，"乡村文明是中华民族文明史的主体，村庄是这种文明的载体，耕读文明是我们的软实力"[①]，并反复强调要"记得住乡愁"。因为"记得住乡愁"的乡村记忆是中国传统文化的最后防线，没有"乡愁"就没有了民族的精神家园。

城乡只有地域与生活方式之别，绝无高低优劣之分，认为城市文明高人一等，以现代化的名义执意改造甚至消灭传统的村庄，在认识上是愚蠢的，在做法上是灾难性的[②]！从长远来看，随着现代化和城镇化水平的不断提高，村庄必然会成为现代社会具有最美好人居环境的地方，回归乡村、回归自然是人类的本性，是人类社会发展的必然趋势[③]。

因此，在"乡村文化振兴什么"与"乡村文化谁来振兴""乡村文化怎么振兴"的问题上，必须顺应乡村文化的演进规律，传承乡土地方本色。不仅要让现代文明融入乡村的日常生活，发挥对乡村文化的引领作用，还要包容乡土文化的区域差异性和发展多元性，实现乡村文化由农民创造又为农民所需要，让农民群众真正成为乡村文化振兴的创造者、参与者、受益者，才能让积淀深厚的乡村文化不再断层，真正留住一方乡愁，成为乡村文化振兴的源头活水。

在乡村文化振兴中，基层政府只可提供指导性意见，着力解决农民眼下最为关心的问题，要让农民唱主角，全方位鼓励农民大胆实践创造，增强农民的文化主体意识，发挥农民的主观能动性，让农民真正自信起来。农民有尊严，才有可能建设幸福、富强的乡村，才有可能真正实现农业农村现代化，才有可能建立幸

---

① 习近平.在中央城镇化工作会议上的讲话[M]//中共中央文献研究室.十八大以来重要文献选编:上.北京:中央文献出版社,2014:605.

② 陈文胜.大国村庄的进路[M].长沙:湖南师范大学出版社,2020:200.

③ 陈文胜.农村改革决不能出现颠覆性错误[J].中国乡村发现,2017(3):43-49.

福、富强的中国。

四、城乡自由选择：留给农民退路

党的十九大报告提出乡村振兴战略，根本目的是推进农业农村现代化。习近平总书记指出，现代化的本质是人的现代化，真正使农民变为市民并不断提高素质，需要长期努力，不可能一蹴而就①。怎么理解？因为一部分农村劳动力在城镇和农村间流动，是在中国现阶段乃至相当长历史时期内都会存在的现象，对这种"两栖人"、候鸟现象不要大惊小怪，也不要恶意炒作。对那些已经在城镇就业但就业不稳定、难以适应城镇要求或不愿落户的人口，要逐步提高基本公共服务水平，努力解决好他们的子女教育、医疗卫生、社会保障等需求，使他们在经济周期扩张、城镇对简单劳动需求扩大时可以在城市就业，而在经济周期收缩、城镇对劳动力需求减少时可以有序回流农村。其中最关键的就是对农村出现"空心村"问题不要大惊小怪，要理性对待，给3亿农民工留条退路。制度与政策不在于构架，既要考虑到现代化的成本，也要考虑到城乡利益公平，在于能否服务于农民自由且全面发展（或者说解放农民）这样人的现代化事实本身，而非主观、武断的一个理想模式，绝不能通过人为强制、超越发展水平和自然禀赋进行制度安排。

当下正处于中国社会转型关键时期的关键阶段，存在太多的不确定性。无论是在城市定居的农民还是常年在乡村居住的农民，或是常年在城乡之间流动的农民工，都处于动态的变化中，都在不断发生结构性变化。在城市定居的农民，受城乡二元结构

---

① 习近平.推进农业转移人口市民化[M]//论"三农"工作.北京:中央文献出版社,2022:58.

及经济发展大气候的影响，未能融入城市，很可能随时回归乡村；在常年城乡之间流动的农民工，会根据政策环境和经济环境，在城乡之间作出理性选择；在常年乡村居住并从事农业的农民，仍可能在创造条件为自己或下一代流向城市，同样具有不确定性。中国乡村人口的变动在今后相当长时期内将会是一个经常性的状态，那么，现在乡村居住的所谓"农民"就不能确定以后还是"农民"，现在城市定居的不是"农民"的也不能确定以后不会是"农民"。在外打工的农民工现在不返回乡村，过几年会不会回归乡村？一个村庄现在衰落，未来会不会繁荣①？因此，中国农业农村现代化是一个自然的历史进程，是不稳定不规范的转型，向逐渐稳定和规范的制度转向，是"转"而不是"型"，决不能断了农民自由选择城乡的退路。在某种程度上，"空心村""空心房"就是几亿农民工的退路，如果工业化、城镇化没有能力把几亿农民工转化为市民，地方官员最好别盯着农民的土地和房屋，一旦遭遇经济危机，数以亿计没有退路的农民工失业之时，中国社会能否承受之重？

习近平总书记强调，解决好人的现代化问题，主要任务是解决已经转移到城镇就业的农业转移人口落户问题，努力提高农民工融入城镇的素质和能力②。不能忽视一个重大的社会现实，就是中国有近 3 亿农民工，相当于美国全国人口规模的农民在城市就业，城市里既有市民也有农民，既有本地人也有外地人，说明城乡二元结构问题还没有得到解决③。如果近 3 亿农民工长期不

---

① 陈文胜.论中国乡村变迁[M].北京:社会科学文献出版社,2021:98.
② 习近平.在中央城镇化工作会议上的讲话[M]//中共中央文献研究室.十八大以来重要文献选编:上.北京:中央文献出版社,2014:593.
③ 陈文胜.脱贫攻坚与乡村振兴有效衔接的实现途径[J].贵州社会科学,2020(1):11-14.

能市民化，成千上万的农民工返乡已难又留城无望，就不仅仅会导致大规模返贫的问题，更可能导致中国现代化进程出现逆转。李克强对此提出，"大量农村人口到城镇转移就业和落户，这本身就是工业化、城镇化对农业农村发展的有力带动，也标志着我们在破除城乡二元结构方面迈出了实质性步伐"①。习近平总书记指出，在中国当前，"二亿多进城农民工和其他常住人口还没有完全融入城市，没有享受同城市居民完全平等的公共服务和市民权利，'玻璃门'现象较为普遍"②。因此，必须跳出"三农"看"三农"，解决"三农"问题还需着眼"三农"之外，一方面，要加大"以工补农、以城带乡"的力度，以工业化、城镇化带来的财富回报农民，主要是解决社会基本公共服务问题、基础设施建设问题和基本社会保障问题，即"三基"问题，实现城乡融合发展、共同繁荣，不能以牺牲乡村为代价来获得城市的孤独繁荣。另一方面，要加快户籍制度改革，尽快解决农民工和其他常住人口在城镇的定居落户问题，最关键的是要让农民自由选择城乡的进路。

尽管我们在 2020 年全面建成了小康社会，实现了中华民族第一个一百年梦想，尽管中国已经发展成世界工厂，经济总量位居全球第二，但人均水平仍远落后于发达国家水平，还无法支撑 14 亿人口高水平的共同富裕生活。李克强在十三届全国人大三次会议闭幕后的记者会上指出，"我们人均年收入是 3 万元人民币，但是有 6 亿人每个月的收入也就 1 000 元"③，保障基本民生

① 李克强.以改革创新为动力,加快推进农业现代化[M]//中共中央文献研究室.十八大以来重要文献选编:中.北京:中央文献出版社,2016:269.
② 习近平.在中央城镇化工作会议上的讲话[M]//中共中央文献研究室.十八大以来重要文献选编:上.北京:中央文献出版社,2014:590.
③ 朱之龙.保民生任重道远[N].文摘报,2020-06-04(1).

应该被放在极为重要的位置。因此，中国现代化需要等一等落在后面的农民兄弟。习近平总书记为此告诫全党："在人口城镇化问题上，我们要有足够的历史耐心。世界各国解决这个问题都用了相当长的时间。但不论他们在农村还是在城市，该提供的公共服务都要切实提供，该保障的权益都要切实保障。"①

此前，我国为打赢脱贫攻坚这场输不起的"战争"投入了全社会的力量，随之遇到全球新冠疫情暴发与世界经济环境恶化，当务之急是要稳住阵脚，精兵简政，休养生息。无论是经济能力、行政资源还是社会承受能力，都不足以支撑有些地区开展脱离实际的乡村大规模"现代化运动"。李克强在 2015 年的《政府工作报告》中特别提醒："大道至简，有权不可任性"②。他在同年 5 月 6 日的常务会议上进一步阐释：中国历史上，但凡一个时代的政治比较"简"，让老百姓休养生息，就会被后世称为"盛世"③。并进一步认为，"几千年的中国历史和 37 年的改革开放实践证明，管多就会管死，只有放开才能搞活，从而解放和发展社会生产力，使人民生活水平不断提高，政府施政的要义在于以敬民之心行简政之道"④。在李克强总理看来，中国的老百姓勤劳又有智慧，只要给他们充分的空间，就能释放巨大的创造力，这也是中国改革开放的基本经验之一。

毛泽东曾经指出："人民，只有人民，才是创造世界历史的

---

① 习近平. 在中央城镇化工作会议上的讲话[M]//中共中央文献研究室. 十八大以来重要文献选编：上. 北京：中央文献出版社，2014：595.

② 李克强. 政府工作报告[N]. 人民日报，2015-03-17(1).

③ 中国政府网. 国务院常务会议（2015年5月6日）[EB/OL].［2015-05-06］. ht-tps://www. gov. cn/govweb/guowuyuan/gwycwhy201515.

④ 李克强. 简政放权 放管结合 优化服务 深化行政体制改革 切实转变政府职能[N]. 人民日报，2015-05-15(2).

动力"①"群众是真正的英雄，而我们自己则往往是幼稚可笑的"
"没有满腔的热忱，没有眼睛向下的决心，没有求知的渴望，没
有放下臭架子、甘当小学生的精神，是一定不能做，也一定做不
好的"②。正是因为坚持了历史唯物主义的这一基本原理，才有
了中国革命和建设的胜利。邓小平就特别强调：我们改革开放的
成功，不是靠本本，而是靠实践，靠实事求是。农村搞家庭联产
承包，这个发明权是农民的，我们把它拿来加工提高作为全国的
指导③。因此，中国在短短的几年内解决了中国人的吃饭问题，
才有了改革开放的经济社会发展奇迹。习近平总书记在庆祝中国
共产党成立 100 周年大会重要讲话中指出："人民是历史的创造
者，是真正的英雄""江山就是人民、人民就是江山"④。正是任
何时候都没有忘记这个历史唯物主义最基本的道理，中国共产党
才有了根基、血脉和力量。

在百年大变局的多重复合宏观背景下，只有把亿万农民的积
极性、主动性、创造性真正调动起来，发挥农民的主体作用，放
手让农民去闯、去创，坚持农民的主体地位，才能形成乡村振兴
的内生动力。否则，难以避免形成政府主体、农民客体的局面：
政府在干、农民在看，导致农民的依赖性越来越强，自主能力和
创造能力逐渐丧失⑤。结果人人都累，个个都怨，却不知道怨谁
才好，这种运动式发展的教训在一些地区是深刻的，也是官僚主

① 毛泽东.论联合政府[M]//毛泽东选集：第3卷.北京：人民出版社,1991:1031.
② 毛泽东.《农村调查》的序言和跋[M]//毛泽东选集：第3卷.北京：人民出版社,
1991:790.
③ 邓小平.在武昌、深圳、珠海、上海等地的谈话要点[M]//邓小平文选：第3卷.北
京：人民出版社,1993:382.
④ 习近平.在庆祝中国共产党成立100周年大会上的讲话[N].人民日报,2021-
07-02(2).
⑤ 陈文胜.大国村庄的进路[M].长沙：湖南师范大学出版社,2020:152.

义、形式主义产生的根源。

五、乡村功能定位：决定农业农村现代化的进路

党的十九大报告提出"产业兴旺、生态宜居、乡风文明、治理有效、生活富裕"的乡村振兴的总要求后[①]，党中央进一步明确乡村振兴的战略指向是农业强、农村美、农民富[②]。十三届全国人大农业与农村委员会主任陈锡文认为，推进乡村振兴，最主要的是明确乡村的最基本定位：保证国家粮食安全和重要农产品供给，提供生态屏障和生态产品，传承优秀传统文化。也就是说，从长远的现代化目标出发，乡村需要在中国未来经济社会的历史进程中承担三大主要功能[③]。

农业是乡村的本质特征，是乡村最核心的产业，没有农业的乡村还是乡村吗？没有农业的乡村振兴还是乡村振兴吗？特别是在当前复杂特殊的经济形势下，乡村作为中国现代化的战略后院，只有确保国家粮食安全和重要农产品供给，才能从根本上确保中国大局稳定。习近平总书记在参加十三届全国人大二次会议河南代表团的审议时，明确要求把确保重要农产品特别是粮食供给，作为实施乡村振兴战略的首要任务[④]。因此，乡村振兴不是一个"任人打扮的小姑娘"。

新中国成立之初面对的最大的问题是如何发展工业和城市。

---

① 习近平.决胜全面建成小康社会 夺取新时代中国特色社会主义伟大胜利[N].人民日报,2017-10-28(1).

② 中共中央,国务院.中共中央国务院关于实施乡村振兴战略的意见[N].人民日报,2018-02-05(1).

③ 陈锡文.充分发挥乡村功能是实施乡村振兴战略的核心[J].中国乡村发现,2019(1):1-15.

④ 习近平李克强王沪宁韩正分别参加全国人大会议一些代表团审议[N].人民日报,2019-03-09(1).

如今，最大的问题是如何发展农业和农村，因为从家门到校门到机关门的"三门干部"是地方干部队伍的主体。小农大国的"三农"问题之复杂程度超乎想象，而最可怕的是，部分"三门干部"非常自负、自以为是，只要一高兴，一会儿把发达地区的模式推广到落后地区，一会儿把落后地区的经验照搬到发达地区，一会儿把城市的模式推广到乡村，一会儿把乡村的经验照搬到城市。成功未必可以复制，而失败往往在重复。对乡村发展来说，成功的乡村总是独特且具有独创性的，而发展失败的乡村的教训都是重复、相似的。相较于成功乡村的经验，乡村发展包括农业发展的失败教训更值得关注。在中国当农民，就像久经折腾的运动员。但中国农业是一个百岁老人，是一个弱势产业，只能吃补药，如果吃泻药、动大手术，是会要命的。

特别需要认识到农业是永续产业，不可能像工业发展那样快速转型升级，这就意味着不能用工业化、城镇化的思路来发展乡村，在全面推进乡村振兴中必须遵循乡村的自身发展规律，高度重视保留乡村风貌与乡土味道，扬农业农村之长处以补乡村短板。因为工业和城市的逻辑，一是集中，二是大量，三是高效率；而农业和农村的逻辑，一是分散，二是适量，三是永存性[①]。农业和农村的逻辑是一种分散的逻辑，是一种生命的逻辑。生命逻辑要求分散，没有分散就不可能发展下去，许多生物的生活只是为了生存、发展，而不是为了经济、高效。作为自然居民与自然村庄，乡村散居也许是全面现代化后人与自然最优的生态、生产、生活布局，更是人与自然在几千年里共同形成的中国历史文化底蕴。中华民族历经灾难仍生生不息，很大程度上是因为依赖散居，因此要高度警惕集约式居住带来集中式灾难的社

---

① 李根蟠.农业的生命逻辑与生态逻辑[J].中国乡村发现，2017(6)：87-91.

会危机。马克思认为人是自然界演化发展的产物，是自然界的一个组成部分①。要敬畏历史、敬畏自然，就要非常谨慎地看待乡村的现代化推进。地方官员如果高高在上，先有了判断，同样的事找一百个支持不难，找一百个反对也不难。而大规模全面推进复制城市的"乡村现代化"，在未来会不会付出难以承受的代价，这是最需警惕的。

城乡功能不同，也许有些地方的官员还真不懂得。农民的住宅、庭院与市民住宅、庭院在功能上的根本区别是，农民的住宅、庭院既是生产资料，又是生活资料。在朱启臻看来，农民的住宅、庭院是有特定生产生活内容的空间结构，是构成村落社会的基本单元，是农民祖祖辈辈生产、生活、娱乐和社会交往的空间，种植与养殖的循环、居民生产与生活的循环都在院落里完成，这使院落具有多重特殊价值②，农民房前屋后的地还可提供最基本的生活保障。而一些地区在乡村振兴的名义下加快推进的所谓"现代化"，实质是乡村建设的非农化，使农民不断失去种植、养殖、手工三业合一的庭院经济保障，连日常生活所用的农产品都不能实现自产自供，变为全面商品化购买，因此陷入高生活成本、低收入的困境，沦为真正的"无产阶级"。难道要用高生活成本、低收入的手段迫使仍然守望乡土的农民背井离乡？断了中国乡村的进路就是断了中国农业的进路！

不难判断，这些问题不仅是超越城乡差异与超越发展阶段的"现代化"政绩工程问题，使作为中国现代化战略后院的乡村可能不复存在；还很可能导致有"屎"以来最大的生态危机。农民不能养猪，不能养鸡、养鸭，乡村没有拉屎的动物，即使有动物

---

① 马克思.1844年经济学—哲学手稿[M].刘丕坤,译.北京:人民出版社,1979.
② 朱启臻.乡村农家院落的价值何在[J].中国乡村发现,2018(5):88-90.

的粪尿（包括人粪尿）也当成垃圾处理，全部通过下水道排放。这样一来，农业生产所依赖的人畜粪便等有机肥源在不断"减量排放"，家肥走向消失，未来的农业生产将"一粪难求"。美国的富兰克林·H.金在《四千年农夫》一书中提出，中国能用最少的耕地养活世界最多的人口，是因为中国的有机农业，以家肥为主的有机肥能使土壤保持几千年肥力而不下降①。当下，我们一面高喊绿色兴农与推进化肥农药减量行动，一面对化肥的依赖性与日俱增，化肥使用一统中国农业天下之日，也就是中国农业末日来临之时：农业生物链被严重破坏，耕地酸碱化趋势加剧，农产品质量不断下降，农业何以持续？这绝非危言耸听！

---

① 金.四千年农夫[M].程存旺,石嫣,译.北京:东方出版社,2011.

第二章　乡村规划先行：把脉定向

党的二十大报告提出以中国式现代化全面推进中华民族伟大复兴，再次强调"全面建设社会主义现代化国家，最艰巨最繁重的任务仍然在农村"的重要判断，明确"高质量发展是全面建设社会主义现代化国家的首要任务"，要求必须全面推进乡村振兴①。面向中国全面现代化进程，全面推进乡村振兴的深度、广度、难度都不亚于脱贫攻坚，必须采取更有力的举措，汇聚更强大的力量②。农业农村现代化是一项系统工程，不能一蹴而就，最重要的是坚持规划先行，分阶段、分步骤逐步实施。在实践中，规划在经济社会发展中的重要作用日益受到高度重视，习近平总书记就明确指出，规划科学是最大的效益，规划失误是最大的浪费，规划折腾是最大的忌讳③。全面推进乡村振兴，需要根据乡村发展的规律统筹安排、科学规划，才能确保农业农村现代化顺利推进。

一、立足全面现代化进程，确定战略定位

按照党的二十大报告的要求，坚持以推动高质量发展为主

---

① 习近平.高举中国特色社会主义伟大旗帜 为全面建设社会主义现代化国家而团结奋斗[N].人民日报,2022-10-26(1).

② 中共中央,国务院.中共中央国务院关于全面推进乡村振兴加快农业农村现代化的意见[N].人民日报,2021-02-22(1).

③ 立足优势 深化改革 勇于开拓 在建设首善之区上不断取得新成绩[N].人民日报,2014-02-27(1).

题，全面推进乡村振兴，必须解决发展战略定位的问题。不同类型的乡村必然有不同的发展模式，也就必然有不同的发展方向和发展目标，这就需要建立一个立体坐标定位。

1. 在历史发展进程中审视自身的发展阶段与水平。习近平总书记指出，要坚持用大历史观来看待农业、农村、农民问题①。乡村振兴战略是一项长期的历史性任务，不仅伴随着全面现代化建设的全过程，更是一个自然的历史发展进程，在不同时期、不同阶段的具体任务、发展思路、实施路径各不相同。任何地区都需在历史发展的逻辑中认清发展方位，确定发展主题和发展主线。

中国幅员辽阔，地区间受地理位置、资源禀赋、历史基础、政策取向等多方面因素影响，发展不均衡，呈现多元形态，不同地区处于不同的历史发展阶段，存在的主要问题也不尽相同②。不同地区发展水平不一，处于现代化进程中的发展阶段不一，发展目标、历史任务、发展形态和发展方式必然不同，不可能以同一个模式同步发展。实践多次提醒我们，要尊重村庄历史变迁逻辑，保持必要的历史耐心，科学编制村庄规划，避免超越历史发展阶段，搞大规模的合村并居。如果忽略本地的发展阶段与水平，盲目将战略远景当成现阶段急需推进的具体工作，将会"拔苗助长"，严重违背乡村自身的发展规律。

2. 在资源禀赋与区位的现实中研判自身的发展优势与特色。2018 年中央一号文件强调，乡村振兴要坚持科学把握乡村的差异性和发展走势、分化特征，做好顶层设计，注重规划先行、突

---

① 坚持把解决好"三农"问题作为全党工作重中之重 促进农业高质高效乡村宜居宜业农民富裕富足[N]. 人民日报，2020-12-30(1).

② 陈文胜. 脱贫攻坚与乡村振兴有效衔接的实现途径[J]. 贵州社会科学，2020(1)：11-14.

出重点、分类施策、典型引路。不同的资源禀赋与不同区位决定
了不同类别的发展模式，如集聚提升类、城郊融合类、特色保护
类、搬迁撤并类等，必须因地制宜，分类研究。

村庄由自然发展和漫长演化而来，形成了各具特色的禀赋与
优势，与生俱来的个性特征是规划的立足点和发展定位。如果不
根据自然禀赋、历史文化所体现的区域差异性和形态多样性来设
计，只对村庄进行简单的"推倒重来"复制城市社区，就没有了
历史记忆、文化脉络、地域风貌、个体特征，结果是村庄与城镇
一个样，南方村庄与北方村庄一个样，中国村庄与外国村庄一个
样，城不像城，乡不像乡，这不仅是村庄自我价值的迷失，更是
村庄生命价值的消逝①。因此，一定要全面把握村庄当下拥有的
资源禀赋，既包括土地，也包括人才资源。每一个村庄拥有的资
源禀赋都是不一样的，有些是生态保护村，有些是文化民俗重点
村，有些是城郊融合村，正如没有完全相同的两片叶子，世界上
也没有完全相同的两个村庄，村庄规划如果只是简单地"抄作
业"，将磨灭村庄自身独特的发展优势与特色。

**3. 在区域与社会发展的总体趋势中把握自身发展目标与方
向。** 乡村规划应面向未来，而不仅仅着眼当前；需以长远发展目
标为基础，合理确定短期发展目标。好的规划往往基于未来目标
和当前、未来资源支撑能力的差距，通过制定切实有效的行动步
骤，摆脱资源、要素的制约，不断弥合当前发展水平和未来目标
的距离；好的规划能够唤醒规划实施者、利益相关者为实现规划
目标而努力奋斗的热情，让规划主体"跳起来摘苹果"，去努力
实现未来目标②。因此，需要立足于城乡融合发展的时代要求，

---

① 陈文胜.论城镇化进程中的村庄发展[J].中国农村观察,2014(3):52-56.
② 姜长云.关于编制和实施乡村振兴战略规划的思考[J].中州学刊,2018(7):26-32.

特别是城镇化、工业化、信息化、全球化的时代背景，在国家战略层面与区域一体化层面将现实与趋势相结合，综合研判发展空间和着力点。要仔细判断每个村庄的发展阶段和发展水平，准确把握其功能、定位，不能简单地类比，更不能拍脑袋决定村庄发展目标和任务。

党的二十大提出统筹乡村基础设施和公共服务布局，建设宜居宜业和美乡村①。乡村振兴不是指每一个村庄都能够振兴，有些村庄会自然消亡，国家乡村振兴规划中明确的"搬迁撤并类村"就不一定要规划过多的土地再造一个"空心村"。在一些城市快成为"空心城"的情况下，哪还有稀缺的土地资源去建设空心"模范村"？因此，村庄人口不能以户籍人口为规划依据，当前在乡村居住的农民，以后不一定还是农民；在外打工的农民工现在不返回乡村，过几年不一定不会回归乡村；有的村庄现在进入衰落境况，未来不一定不会繁荣。所以，整个区域人口向哪里集中，中心村、特色小镇、区域城市中心怎么布局，都要经过深入研究，农村土地改革也要建立在区域发展的规划基础之上。在村庄内统筹布局生活空间、生产空间、生态空间，划分非农地、农地、林地，进行耕地整理，都需要以可持续发展为基础，不能为了阶段性工作目标迷失了战略远景②。

4. 在全面现代化的进程中确定自身的发展任务与步骤。乡村振兴不是所有村庄在同一个时间点同步振兴，要明确各个时期各自不同的任务，绘好"路线图"，确定"时间表"，编写"任务书"，编定顶层设计阶段性的战略步骤。虽然《乡村振兴战略规划（2018—2022 年）》在宏观上提出了乡村振兴"三阶段"目标

---

① 习近平.高举中国特色社会主义伟大旗帜 为全面建设社会主义现代化国家而团结奋斗[N].人民日报,2022-10-26(1).

② 陈文胜.乡村振兴中农地改革的若干问题[J].毛泽东研究,2020(3):110-114.

（即到 2020 年，乡村振兴的制度框架和政策体系基本形成；到 2035 年，乡村振兴取得决定性进展，农业农村现代化基本实现；到 2050 年，乡村全面振兴，农业强、农村美、农民富全面实现），但不同类型地区乡村振兴的阶段性目标与路径不尽相同，在不同的发展阶段，乡村面临的主要问题也不一样，决不能把战略远景当成当下现实目标。

必须从社会主义初级阶段的基本国情出发，遵循经济社会发展规律，因势利导，使乡村振兴成为一个顺势而为、水到渠成的发展进程。人类社会发展史告诉我们，通过人为强制、超越发展水平和自然禀赋推动社会进程，最终是要付出代价的。因此，乡村规划如果急于求成，搞短期见效的"大跃进""跨越工程"，跑步实现乡村振兴，就必然会偏离本地发展阶段的客观要求而导致发展目标具有盲目性，应该因地制宜、因时制宜，动态跟进并持续进行适宜性调整，准确聚焦各个时期的目标任务，科学把握发展节奏。

二、强化区域发展目标引领，进行整体规划

现代化进程需要超越农业社会传统村庄自然演化的局限，这才是乡村规划的价值和意义，本质上体现了人类能动地认识世界和改造世界的计划性、主动创造性和自觉选择性。因此，任何乡村都离不开区域发展所赋予的功能定位，区域发展定位决定村庄的发展方向，也就对乡村规划的系统性与整体性提出了要求。必须突出区域发展战略引领乡村发展，形成由点到面的战略布局。乡村振兴不是村村点火、户户冒烟，而要分类推进，并非所有的村庄都需要规划，只有在区域发展目标引领下进行整体规划才有价值和意义。

1. 以区域发展战略优化空间布局。 中央明确要求加快县域

内城乡融合发展，把县域作为城乡融合发展的重要切入点①。因此，要根据集聚提升类、城郊融合类、特色保护类、搬迁撤并类等不同乡村类型，结合区域内山脉、河流、生态等自然形貌，以城乡融合发展为导向布局区域生态、生产、生活的乡村空间，形成"县里大规划、镇里中规划、村里小规划"的总体格局。与此同时，政府各部门在其分管领域进行规划时，亦要为其他部门主持的规划预留资源和政策空间。

乡村规划不能独立于区域发展战略之外，应与国家区域规划、地区规划定位相统一，国家区域规划、省市规划具有全局性、长期性影响，县域乡村区域规划要在遵循上级规划的基础上擘画蓝图，避免"折腾""走回头路"。城市对乡村的辐射带动作用很强，通过城乡一体规划可以重塑城乡关系与空间结构；以提升县城的教育、医疗、养老等基本公共服务为基础，推动户籍制度、土地政策、金融政策等的改革，引导特色小镇的打造，规划中心村的布局，在县域层面确立新发展格局的核心和动力。

2. 以区域功能定位推进"多规合一"。中央明确提出要积极有序推进"多规合一"实用性村庄规划编制，对有条件、有需求的村庄尽快实现村庄规划全覆盖。对暂时没有编制规划的村庄，严格按照县乡两级国土空间规划中确定的用途管制和建设管理要求进行建设②。"多规合一"需要顶层设计，从规划建设管理到部门协同和社会参与，把各项工作统筹起来，实现"多规合一"的规划和运行机制。

不少地方的村庄规划是平面规划而非立体规划，只有经济发展规划、建筑发展规划，没有生态发展规划、环境系统设计规

---

① 中共中央,国务院.中共中央国务院关于全面推进乡村振兴加快农业农村现代化的意见[N].人民日报,2021-02-22(1).

② 同①.

划，严重制约了乡村振兴的全面推进。"多规合一"既是要求，也是目标和路径，要加强乡村规划与区域空间规划的衔接，推进县域乡村振兴规划、乡镇总体规划、美丽村庄规划、富民产业发展规划、乡村旅游规划，与县域城镇建设规划、土地利用规划、生态环保规划等各类规划，在乡村层面相互衔接而形成"多规合一"的完整乡村规划体系，确保乡村基础设施建设、住房建设、生态保护、环境美化等有序推进，真正实现"一张蓝图绘到底"。

3. 以区域规划刚性强化自然风貌与文化景观的保护。《中华人民共和国乡村振兴促进法》指出，全面实施乡村振兴战略应坚持因地制宜、规划先行、循序渐进，顺应村庄发展规律，根据乡村的历史文化、发展现状、区位条件、资源禀赋、产业基础分类推进[①]。要立足区域自然资源禀赋，充分发掘乡村历史文化特色，把保护乡村自然风貌和挖掘乡村人文资源作为区域规划的重要内容，以布局乡村生产、生活、生态空间，强化乡村发展整体风貌的顶层设计，形成布局合理、成片成景的乡村发展形态。

乡村规划不能只是单一的经济发展目标，区域的空间布局需着眼于人与自然的和谐，绿色是主色调，生态是主旋律，体现以生命为核心的四季变化，体现以人为中心的文化特色。乡村的文化特色是与自然环境优势一样稀缺的资源，如族谱、祠堂、牌坊、民居、祖坟等，是村庄历史和生命的重要载体；一座山、一座祠堂，或是一条小溪、一棵古树等，都可成为村庄独一无二的标志[②]。因此，要把保护有地域特色的自然风貌、文化景观作为区域规划的刚性要求，不应杀鸡取卵般以攫取资源为目的，需要为生态环境保护与文化景观保护提供空间保障，实现人与自然和

---

① 《中华人民共和国乡村振兴促进法》编写组. 中华人民共和国乡村振兴促进法 [M].北京：人民出版社，2021：4.

② 陈文胜. 大国村庄的进路[M].长沙：湖南师范大学出版社，2020：6,51,172.

谐共生、文化传承与创新相互促进的乡村可持续发展。

三、发挥土地政策效应，激活乡村内在动力

土地是农民最宝贵的资产与最根本的生存资源，发挥好土地资源的关键性作用，用好、用活各项土地政策，就能为乡村振兴重构空间环境，包括对水地、林地、旱地、耕地、空闲地、宅基地、公共用地以及生产性、经营性用地等进行全面规划，推动土地这一"沉睡资产"焕发新生机。

1. 用好耕地占补平衡政策。合理规划农用地、经营性建设用地和宅基地的乡村布局，引导和鼓励运用耕地占补平衡政策，合理规划乡村生活、生态、生产的空间布局，提高乡村发展的前瞻性和可持续性。

值得警惕的是，在中国，因为地方政府拥有较多的自由裁量权，一些地方通过增减挂钩、占补平衡改变农地性质，一片良田用一片低质量耕地甚至荒地就置换了。所谓耕地红线可能只是保护数字上的耕地和名义上的耕地，土地非农化的红利成了一些地方的财政收入以及工业化、城镇化的积累，导致地方政府产生通过占补平衡、增减挂钩实现城镇建设用地无限扩张的激情和积极性，进而导致农村集体经济发展失去根本支撑，无法把土地资源转变为发展乡村产业的资本，农民乡村创业的意愿与动力不足。因此，在用好耕地占补平衡政策时，特别要注意守住维护农民利益的底线，让广大农民有更多获得感，规划土地时要建立与农民的利益共享机制，引导农民入股企业、专业合作社，坚持农民的主体地位，让农民成为土地的主人，让老百姓真正富裕起来，这不仅是盘活土地资源的关键所在，也是乡村振兴的动力所在。

2. 用好建设用地政策。盘活乡村集体闲置建设用地，有序推进乡村集体经营性土地上市交易，增加乡村建设发展资金。引

导有条件的乡村用好城乡建设用地增减挂钩政策、点状供地政策，增加乡村发展建设的资金来源，建立乡村振兴投入的长效机制。

土地是财富之母，劳动是财富之父，这样的人地关系在任何时代都不会改变。土地资源是常量，人才资源是变量，人才的流动会自然带动资金财富的流动。特别是乡村振兴中的新业态发展有特定的规律，需要特别强调坚持农业农村优先发展的原则，在乡村规划中优先安排配套用地，并逐步摆脱行政对建设用地配置的新体制模式，使土地作为农村、农业、农民的"财富之母"的优势发挥出来；以建设用地为杠杆，激活其他资源要素（如劳动力、科技、资金）对农业的积极性，与土地进行优化配置，提高土地有效利用率，从而实现土地资源由资产向资本的转变。

3. 用活宅基地"三权"分置政策。在农村土地改革中，中央明确要求地方政府不能强迫农民退出宅基地，农民必须是自愿有偿的，这从根本上保护了农民的利益①。要鼓励乡村集体组织对闲置农房资源进行统一收储，通过出租、合作等方式盘活利用空闲农房，推进闲置宅基地与农房多元化使用，产生激活乡村内在发展活力、增加农民收入与提升乡村发展质量的多重效应②。

近年来，党中央、国务院出台了一系列政策措施，指导各地在依法维护农民宅基地合法权益和严格规范宅基地管理的基础上，探索盘活利用农村闲置宅基地和闲置住宅的有效途径和政策措施。2021年，自然资源部、国家发展和改革委员会、农业农村部联合印发《关于保障和规范农村一二三产业融合发展用地的

---

① 陈文胜.乡村振兴中农地改革的若干问题[J].毛泽东研究,2020(3):110-114.
② 陈文胜.大国村庄的进路[M].长沙:湖南师范大学出版社,2020:171.

通知》，提出在符合国土空间规划的前提下，鼓励对依法登记的宅基地等农村建设用地进行复合利用，发展乡村民宿、农产品初加工、电子商务等农村产业。如浙江省部分地区已经在探索支持原籍农村人才返乡的相关用地政策，鼓励和引导乡贤回乡支持乡村振兴建设，在坚持宅基地"三权"分置原则的基础上，充分利用闲置农村宅基地，适当放活农村宅基地用途，村级组织通过入股的方式与乡贤合作开发闲置的农村宅基地，用于经营农家乐、民宿和旅游开发等项目，或在符合规划和用途管制的前提下，通过出让、租赁、入股等方式，将农村集体经营性建设用地用于解决乡贤住所问题。

四、挖掘乡村山水人文资源，突出地域特色

编制村庄规划要立足现有基础，保留乡村特色风貌，加强村庄风貌引导，保护传统村落、传统民居和历史文化名村名镇，加大农村地区文化遗产遗迹保护力度[1]。因此，要把保护乡村自然风貌和挖掘人文资源作为人居环境与村容村貌提升工作的重要内容，留住绿水青山，留住乡愁。

1. 敬畏乡村历史文化传统。乡村是中国文明发展的根基，与大量重要的历史人物和历史事件紧密相连[2]，承载着一代又一代人留下的文化遗产。作为中华民族优秀传统文化的重要载体和象征，传统村庄的价值绝不亚于万里长城，一旦被毁掉，中国就可能沦为失去记忆和失去灵魂的国度。一些地区的乡村经过大拆大建后，乡土文化和传统风貌只能摆放在商业化的陈列馆里和复制在景区的建筑物上，这也许是城镇化的方向，但决不是乡村振

---

① 中共中央,国务院.中共中央国务院关于全面推进乡村振兴加快农业农村现代化的意见[N].人民日报,2021-02-22(1).

② 冯骥才.古村落抢救已到最紧急关头[N].新华日报,2012-06-08(B3).

兴的方向。因此，在乡村振兴中不能大拆大建、搞形象工程，要加强对乡村传统建筑、古树等的保护与修缮，使之成为村庄社会共同体的文化纽带，使乡村成为中华文化与历史文脉的有效载体[①]。

中国是一个有几千年文明史的传统农业国家，农业发展历史悠久，人多地少，人们习惯以宗族血缘关系为纽带，聚族而居，由此形成了稳定的村落；集村庄而群居，村庄内的人互帮互助，以顺利进行农业生产。中国村庄不止具有经济方面的功能，还具有社会、政治、文化、生态等多重功能。因此，在乡村规划中，特别要避免以工业和城市文明为取向，以现代化的名义去改造甚至取代传统的乡村文化，这在认识上是愚蠢的，在做法上可能是灾难性的。城乡只有地域与生活方式之别，绝无高低优劣之分，乡村规划要以尊重传统文化为前提，对农民世世代代传承的民俗习惯、乡村历史文化传统有敬畏之心，不能简单粗暴地用强制手段过度干预，如果丢了乡村文化传统，将乡村建成浓缩版的城市，就等于割断了中华民族的精神命脉。

2. 在乡村规划中突出地域人文元素。 所谓"十里不同音，百里不同俗"，人文环境不同，生活方式和风俗习惯也各有不同，乡村文化因而具有鲜明的地域性、多元性和差异性特征[②]。要加强对有地域特色的乡村建筑的研究，把传统乡村建筑艺术融入为村民提供的建筑技术标准之中，倡导打造节约成本、生态环保和具有乡土气息的乡村公共空间，实现保护乡村特色风貌与传承历史脉络、优化乡村环境的有机结合，形成各具特色的乡村地域容貌。

---

① 陈文胜.大国村庄的进路[M].长沙:湖南师范大学出版社,2020:51,172.
② 陈文胜,李珺.论新时代乡村文化兴盛之路[J].江淮论坛,2021(4):143-148.

乡村发展的差异性与多元性，不仅体现在自然环境方面，每个村庄具有不同的颜色，具有不同四季变化的地域景致；更体现在地域人文元素方面，建立在不同地缘、血缘基础上的民居、族谱、祠堂、祖坟、古树、牌坊、石碑、石桥、村道等文化元素，构成了各个村庄独有且无法逆转的历史记忆，使各个村庄拥有不同的过去、不同的现在以及不同的未来。因此，在规划村庄发展时，要充分尊重村庄的风土人情，突出地域人文元素，保护乡土村落的传统形态，使乡村发展呈现鲜明的特点与个性。

3. 引导村民传承和创新乡土文化。乡村民俗习惯是传承数千年的传统文化的重要组成内容，更是乡村社会的精神家园。要加强宣传引导，将保护自然风貌与乡村特色文化纳入村规民约，使各具特色的传统民俗习惯成为乡村振兴的内在动力。

传承和创新乡土文化不能仅停留在规划口号或文化展馆里，要在落细、落小、落实上下功夫，使之渗透在衣食住行等日常生活中的方方面面。习近平总书记指出，一种价值观要真正发挥作用，必须融入社会生活，让人们在实践中感知它、领悟它[1]。乡土文化应该以一种润物细无声的方式传播，需要一个综合完备的体系，而不是简单的几张标牌、几句广播宣传语。乡村规划要在充分了解、把握农民的心理、行为习惯、思维模式、现有价值观念的基础上，采取适应乡村特点的形式，激发农村传统文化活力；要注意把我们提倡的优秀传统民俗与村民日常生活紧密联系起来，自然而然地融入农民日常的生产生活，使其影响像空气一样无所不在，无时不有[2]，成为百姓生活中的一部分，而不是舞

---

① 习近平.培育和弘扬社会主义核心价值观[M]//习近平谈治国理政:第1卷.北京:外文出版社,2018:165.

② 李珺.在全面推进乡村振兴中传承提升乡村文化[J].农村工作通讯,2021(1):34-35.

台上、博物馆里的陈列物。

五、顺应新发展格局构建，优化要素配置

在诸多资源要素短缺制约了乡村发展的同时，有不少资源要素（如土地资源、生态资源、特色文化资源等）因未能发挥应有作用而处于闲置状态。而高度集中于工业和城市的不少资源要素（如技术、资本等）急需与乡村内处于闲置状态的稀缺资源进行组合。面向全面现代化的新发展格局，农业农村现代化是主攻方向，这无疑给乡村带来了前所未有的机会。因此，在乡村规划中要加快城乡资源要素流动，优化村庄的要素配置，不断加快乡村振兴的进程。

1. 建立新发展格局，有效畅通国内大循环的关键环节在乡村。党的十九届五中全会明确提出要坚持扩大内需这个战略基点，加快构建以国内大循环为主体、国内国际双循环相互促进的新发展格局[1]。构建新发展格局，关键在于进一步畅通国内大循环，国内大循环存在诸多堵点且形成原因各异，但均有城乡发展失衡、循环不畅的深刻烙印[2]，因此，有效畅通国内大循环的关键环节在乡村。

乡村规划要立足于城乡融合的时代背景，特别是公共设施建设规划、信息化服务规划，必须立足于城镇向乡村延伸的规划，以现代服务体系唤醒乡村；经济发展规划必须立足于城乡产业发展一体化的规划，实现城乡产业融合发展。这就需要加快形成摆脱城乡二元结构的资源配置新模式，以土地资源、生态资源、特色文化资源等城市和工业领域的稀缺资源为杠杆，

---

① 中共十九届五中全会在京举行[N]. 人民日报, 2020-10-30(1).

② 叶兴庆. 在畅通国内大循环中推进城乡双向开放[J]. 中国农村经济, 2020(11): 2-12.

推动乡村的资源要素与国内国外、省内省外、县内县外的资源
要素以及城市和工业领域的资源要素重组，促进人才、资本、
技术、信息等现代要素与乡村传统要素进行优化配置，以激活
内需体系中既是最大难点也是最大空间的农村。应以推进城乡
双向开放为切入点，促进城乡人口双向流动，进而带动各类要
素双向顺畅流动，采取有力措施缩小城乡发展差距、疏通城乡
循环堵点。

　　**2. 延伸资源要素的流动半径，实现乡村资源要素与大市场
直接对接。**党的十八届三中全会明确提出，经济体制改革的核
心问题是处理好政府和市场的关系，使市场在资源配置中起决
定性作用①。这意味着乡村的各种资源要素都要进入市场，通
过市场机制优化配置实现应有的价值。用经济学术语来说，资
源要素的流动半径有多大，发展的活力和潜力就有多大，发展
的水平就有多高。资源配置只有突破现有的地域局限，才能从
根本上激发乡村的活力、开发乡村的潜力。这就需要深化改
革，简政放权，以适应全球化、信息化背景下国内外大市场的
需要。

　　在"中央—省—市—县—乡—村"的行政架构下，城乡资源
要素很难有效流动，因此，乡村经济发展必须建立在城乡产业对
接的基础上。单独一座村庄难以形成完整的产业体系，产业链条
也不可能全部在村庄建立，但通过与城市资源相连接，村庄生产
的产品可以在县城加工、在省城包装、在一线城市乃至国外销
售，就能大大拓展销售半径，助推产业发展。调研发现，一些村
庄破解了资源要素在这样一个行政架构内进行配置的局限，从而

　　① 李克强.简政放权,放管结合,优化服务,深化行政体制改革,切实转变政府职
能[M]//中共中央文献研究室.十八大以来重要文献选编:中.北京:中央文献出版社,
2016:521.

化解了村庄因处于行政最底层而无法使资源得到有效配置的困境，实现了乡村的资源要素与大市场的直接对接，全面提升了发展活力。

六、推行规划清单约束机制，严格目标管控

乡村振兴战略中一个很重要的课题，就是明晰"有所为、有所不为"的边界，明确乡村规划中需要大力提倡、鼓励支持的正面清单和限制禁止的负面清单，全面建立乡村规划目标清单管理制度，强化规划对乡村振兴的有效规范和引导作用，加快推进乡村规划全覆盖，形成由面到点的战略布局，塑造"望得见山、看得见水、记得住乡愁"的高品质乡村人居环境。

1. 建立乡村规划的正面清单。要想规划能够真正落地实施，一定要清晰明了、简单有用。建立乡村规划的正面清单与负面清单，实际上是以通俗易懂的方式突出规划的重点内容，有助于形成与村民讨论的平台，使村民真正参与到规划中。将符合整体规划的列出正面清单，明确可以从事的行为、事项及相关要求，明确政府予以支持的条件和内容，引导在正面清单范围内创新机制和模式，提高规划对乡村振兴的有效针对性。

通过发挥正面清单的引导作用，对符合正面清单的给予鼓励，或以奖代补，或给予物质补贴，或给予精神奖励与物质奖励并举，让农民自觉遵守清单提倡的各项要求。建立一套完备的正面奖励体系，农民就能在"奖励规则"中进行自由选择，更易接受和实施规划方案，实现农民主体与政府引导的有效结合。

2. 建立乡村规划的负面清单。为了严格保护生态空间，《乡村振兴战略规划（2018—2022年）》明确提出，"全面实施产业准入负面清单制度，推动各地因地制宜制定禁止和限制发展产业

目录，明确产业发展方向和开发强度，强化准入管理和底线约束"①。将不符合整体规划的列出负面清单，明确禁止、限制和限期整改的行为和事项，以及违反的相应惩处。特别是要划出红线，形成目标监督管控的约束机制，从而保障乡村规划的有效性，避免乡村无序发展。

负面清单实际上就是一个约束机制，在全国范围内可能无法建立统一的负面清单，但某个地区可以先行探索，起到示范作用。清单内容一般都很具体、详细，如哪些地方禁止建房、哪些垃圾禁止进村、哪些地方禁止倒垃圾等，可操作性一定要强，让农民通过阅读清单就可以直观地了解乡村规划中明确禁止的内容，从而真正推动乡村规划的实施。

3. 突出乡村规划的农民主体地位。党中央要求坚持农民的主体地位，核心就是在乡村振兴中实现农民当家作主，这无疑是乡村规划的本质和核心，也是乡村规划的出发点和落脚点。乡村建设是建设农民自己的家园，需要什么样的规划，农民最有发言权。因为乡村规划与农民有最密切、最现实、最直接的利害关系，农民不仅是乡村规划的受益者，还是乡村规划的衡量者，所以必须尊重农民意愿。如果没有农民的参与，乡村规划必然难以实施。而一些地方在乡村振兴的过程中，制定乡村规划时没有广泛征集农民的意见和诉求，使农民自己的家园"被做主"，这就偏离了乡村规划的预期目标。

从规划编制的可行性来说，乡村规划要把农民的需要放在第一位，在"规划什么""谁来规划""怎么规划"的问题上，不能是政府意志的单一化与行政化的结果，制度安排应突显农民主体

---

① 中共中央,国务院.中共中央国务院印发《乡村振兴战略规划(2018—2022年)》[N].人民日报,2018-09-27(1).

地位，站在属于农民的乡村，去确定农民需要什么样的乡村规划，让农民充分参与规划和实施的全过程，以此建立农民对乡村规划编制民主评价与事后评价的决定性程序，确保乡村规划和实施服从农民需要、交由农民决定。只有这样，才能充分依靠农民，发挥广大农民群众自发参与乡村规划的积极性、主动性、创造性，实现乡村规划为农民所需要又为农民所实施，让农民真正成为乡村规划的参与者、受益者，从而发挥乡村规划对乡村振兴的引领作用，激发亿万农民的主体积极性，去创造属于农民自己的生活，真正实现乡村建设为农民而建。

总之，在现代化进程不断加快的背景下，中国乡村形态也在快速演变，乡村人口向城镇集中，乡村空间持续"收缩"，乡村振兴明显提速，如何把握乡村的发展方向，是所有乡村规划迫切需要面对的时代命题。乡村规划不只是国土空间上的规划，更要考虑到乡村独特的山水人文资源与历史文化因素，在历史发展脉络中认识乡村的发展规律。面向全面现代化的乡村规划，关键不是追求完美，而在于实施，不超越历史发展阶段、与实践脱节，守住农民利益不受损的底线，确保中国传统文化的最后防线，不偏离人的现代化而全面解放农民的主线，遵循乡村社会变迁的历史逻辑，保持高度的历史耐心，是乡村规划的客观要求。

第三章　乡村教育振兴：战略之基

全面推进乡村振兴是全面建设社会主义现代化国家的重大战略部署，党的二十大报告提出，"教育、科技、人才是全面建设社会主义现代化国家的基础性、战略性支撑"①。而没有乡村教育振兴，就不可能有乡村的科技与人才振兴。乡村教育振兴无疑是乡村振兴的战略基石，如何在全面推进乡村振兴中破解乡村教育发展实际存在的难题，是全面推进乡村振兴必须回答的现实问题。不管从历史维度还是现代视野看，教育在乡村社会发展变迁中始终发挥根本性的作用都是基本共识。在全面推进乡村振兴的进程中，需要在党的二十大报告关于实施科教兴国战略、人才强国战略、创新驱动发展战略的目标下，从开辟发展新领域、新赛道，不断塑造发展新动能、新优势的角度来审视乡村教育。

一、两大优先发展战略历史交汇

回顾中国特色社会主义现代化建设的历史进程，城乡关系经历了从改革开放前的二元矛盾、改革开放后的二元分离到不断融合发展的变迁②。早在新中国成立前，中国共产党的领导人就把工业化作为新民主主义国家的一个重要标志，中共七届二中全会

---

① 习近平.高举中国特色社会主义伟大旗帜 为全面建设社会主义现代化国家而团结奋斗[N].人民日报，2022-10-26(1).

② 陈文胜.论道大国"三农"——对话前沿问题[M].北京：中国农业出版社，2021：序.

决定，党的工作重心由农村向城市转移，由城市领导乡村，从而加快中国工业化的进程。在这个历史阶段，中国共产党人的认知是，国家工业化就是国家的现代化，工业强国就是经济强国[①]。改革开放以后，尤其是从 1987 年开始，全党全国的中心工作向工业化和城镇化转移，但由于农业长期让位于工业和城市，城乡二元结构严重影响并制约了中国经济的协调发展，于是党的十六大正式提出统筹城乡经济社会发展，"两个趋向"的重大历史论断也在十六届四中全会上被正式提出[②]，随后召开的中央经济工作会议又明确提出，中国现在总体上已进入以工促农、以城带乡的发展阶段。

尽管"三农"工作始终是党和国家工作的重中之重，但在现代化的进程中，农业是"四化同步"中最突出的短板，农村是全面建成小康社会中最突出的短板，农民收入水平是城乡收入增长中最突出的短板[③]。农村人口超大规模的基本国情，决定了没有农业农村的现代化，就不会有国家的现代化。为了应对社会主要矛盾的必然要求，破解城乡发展不平衡、乡村发展不充分的时代课题，党的十九大报告中首次提出"农业农村优先发展"的国家战略，前所未有地把农业农村工作摆在党和国家工作全局的优先位置，实现了从优先满足工业化和城镇化的需要到优先满足农业农村发展需要的历史转变。习近平强调，"脱贫攻坚取得胜利后，要全面推进乡村振兴"，这是"三农"工作重心的历史性转移，是对中国经济社会发展的一个重大战略方向所作的根本性调整。

---

① 陈文胜.毛泽东对中国社会主义现代化道路的探索[J].毛泽东研究,2019(4): 45-48.

② 陈文胜.中央一号文件的"三农"政策变迁与未来趋向[J].农村经济,2017(8): 7-13.

③ 陈文胜.实施乡村振兴战略 走城乡融合发展之路[J].求是,2018(6):54-56.

第三章　乡村教育振兴：战略之基

作为国家重大的战略抉择，如何发展经济决定了今天如何生存，如何发展教育则决定了未来的景况。改革开放以来，在全党全社会形成的一个极为重要的共识和经验，就是把教育摆在优先发展的战略地位，突出教育在现代化进程中的基础性、先导性、全局性作用。邓小平就明确提出"教育是一个民族最根本的事业"①，从此将教育纳入改革开放和现代化建设总体设计中。党的十二大首次把教育和科学列为全党三大战略重点之一，党的十三大首次提出"百年大计，教育为本"这一论断，把发展教育事业放在事关实现国家现代化的突出战略地位。从党的十四大报告首次提出"把教育摆在优先发展的战略地位"，到党的十九大报告要求"建设教育强国是中华民族伟大复兴的基础工程，必须把教育事业放在优先位置"，"教育优先发展"成为中国现代化进程中一项长期坚持的战略决策。

2018年的中央一号文件和中共中央、国务院下发的《乡村振兴战略规划（2018—2022年）》都明确提出"优先发展农村教育事业"，使之成为关系到中国全面现代化实现的重大战略。教育兴则人才兴，人才兴则乡村兴。不仅因为人是生产力中最具决定性的力量和最活跃的因素，更是因为人才缺失是乡村振兴的最大瓶颈，城乡发展不平衡即人的现代化不平衡，严重阻碍了乡村振兴。因此，只有乡村教育兴才能乡村兴。在向第二个百年奋斗目标迈进的历史关口，在农业农村优先发展的乡村振兴战略中，最需要优先发展的是乡村教育。这不仅是阻断贫困代际传递以巩固脱贫攻坚成果的根本途径，更是提高农民素质以形成人力资源优势，成为乡村振兴内生动力的必然要求，还是推进乡村文化振

---

① 中华人民共和国教育部,中共中央文献研究室.毛泽东 邓小平 江泽民论教育[M].北京:中央文献出版社,2002:175.

兴的重要支撑。

二、乡村振兴与乡村教育振兴的内在逻辑

在人类社会发展的进程中，乡村社会变迁与乡村教育是一个前后相继、相互关联、相互作用的有机整体，乡村教育的每一次变革都会引起乡村社会的现代变迁，乡村社会的现代变迁又对乡村教育提出新的要求。只有从历史逻辑、现实逻辑和制度逻辑出发，探讨乡村振兴与乡村教育振兴之间的内在关联，才能真正理解新时代实现乡村教育振兴的迫切需要，从而把握乡村振兴的未来发展趋势。

1. 从乡村振兴的历史逻辑审视乡村教育振兴的必然要求。 作为历史悠久的农业大国，中华文明最遥远绵长的根在乡村。正是乡村社会独具的家国情怀，将家与国的祖先认同与民族认同合为一体，形成一种极为稳定的社会结构，这也许就是中华文明是世界上唯一没有断代且传承 5 000 年的文明的原因之一[1]。

2021 年中央一号文件提出"民族要复兴，乡村必振兴"[2]，把全面推进乡村振兴作为实现中华民族伟大复兴的一项重大任务。教育承载着传播知识、塑造社会文明的功能，无疑是赋能乡村振兴的最坚实支撑。早在民国时期的乡村建设运动中，诸多心系民族复兴的知识分子就开展了一场轰轰烈烈的乡村教育实验，希望以此改造乡村，实现强国富民，教育问题因此上升为民族的出路问题。乡村教育实验后来虽因抗日战争全面爆发而被迫中断，但所作的探索与思考时至今日依然具有十分重要的历史价

---

[1] 陈文胜.城镇化进程中乡村社会结构的变迁[J].湖南师范大学社会科学学报，2020(2)：57-62.

[2] 中共中央,国务院.中共中央国务院关于全面推进乡村振兴加快农业农村现代化的意见[N].人民日报,2021-02-22(1).

值。随着改革开放后工业化、城镇化加快推进，乡村社会经历现代文明的洗礼，发生了深刻变化，其中，乡村文化变迁是最为根本性的变化，全面瓦解了乡土文化所依托的乡村社会共同体与文化基础。实际上，乡村文化中经长期积淀形成的地域、民俗文化传统，以及乡村生活现实中原本就存在的许多可以赋予农民生命意义的文化因素，有着宝贵的价值。换言之，乡村文化中潜藏着丰富的教育资源，乡村教育必然需要乡村文化的全面滋养①，任何时候都不能把乡村传统文化全盘抛弃。十九届五中全会首次在党的文献中提出"实施乡村建设行动"，是全面推进乡村振兴的重大部署。习近平总书记反复强调要"记得住乡愁"，因为文化是乡村的灵魂，"记得住乡愁"的乡村记忆是中国传统文化的最后防线，没有"乡愁"就没有了民族的精神家园，乡村也难以成为农民心灵的归属。党中央明确要求坚持走中国特色社会主义乡村振兴道路，要"传承发展提升农耕文明，走乡村文化兴盛之路"②。乡村文化振兴是乡村振兴的核心，是铸魂工程。从乡村发展的历史逻辑来看，坚持乡土文化的价值取向，是全面推进乡村振兴对乡村教育振兴的必然要求。

2. 从乡村振兴的现实逻辑研判乡村教育振兴的迫切需要。中国现在仍有 6 亿左右的人口居住在乡村，即使 2050 年实现了全面现代化，达到 70％的城镇化率预期，也意味着还有 4 亿多的农村人口。乡村振兴是中国现代化的重要基石，没有农业农村的现代化，就没有国家的现代化。而现代化的核心是人的现代化，欲新一国之民，必先新一乡一村之民。乡村教育有两大功能，即培养人和传播文化。因此，乡村振兴关键靠人才，灵魂在

---

① 刘铁芳. 乡村的终结与乡村教育的文化缺失[J]. 书屋,2006(10):45-49.
② 董峻,王立彬. 中央农村工作会议在北京举行[N]. 人民日报,2017-12-30(1).

文化，基石在教育。乡村教育繁荣与否决定着乡村文化的兴衰与乡村社会价值观念的现代转型结果，没有乡村教育的振兴，就不可能有乡村社会中最具决定性的力量——人的现代化，不仅没有乡村振兴的未来，更没有巩固脱贫攻坚成果的现在。无论是产业振兴、组织振兴、生态振兴，还是文化振兴、人才振兴，都与乡村教育密切相关，如果没有乡村教育振兴，就会因失去决定性的力量而成为一句空话。从乡村振兴的现实逻辑来看，乡村教育振兴不仅是建设社会主义现代化强国的呼唤，也是农业农村现代化的内在动力，全面推进乡村振兴，首先迫切需要实现乡村教育的振兴。

3. 从乡村振兴的制度逻辑观察乡村教育振兴的未来趋势。 党的十九大报告明确提出"建立健全城乡融合发展体制机制和政策体系，加快推进农业农村现代化"，中国特色社会主义乡村振兴道路的制度逻辑就是要走中国特色社会主义乡村振兴道路，"重塑城乡关系，走城乡融合发展之路"①，实现城乡共同繁荣。关键在于破除城乡二元结构，让城市与乡村作为一个整体平行前进，从根本上改变乡村长期从属于城市的现状。因为城乡之间发展不平衡不仅仅是经济层面的不平衡，公平层面上的最大不平衡是城乡教育发展的不平衡。长期以来，国家把教育摆在优先发展的战略地位，但城乡之间、地区之间教育发展不均衡是教育发展最突出的问题之一，要基本实现教育现代化②，最大的短板就在乡村。同时，长期以来城乡关系被普遍解读为先进与落后的二元对立模式，传统乡村文明似乎被排斥在"现代文明"范畴之外，

---

① 董峻,王立彬.中央农村工作会议在北京举行[N].人民日报,2017-12-30(1).
② 范先佐.乡村教育发展的根本问题[J].华中师范大学学报(人文社会科学版),2015(5):146-154.

选择乡村教育模式，也就自然地认可了"城市取向"的价值目标①，乡村教育培养的更多是漂浮在城市上空的"无根人"，而不是深深扎根于农村土地的"爱乡人"。因此，以城乡融合发展为取向，乡村教育振兴不仅是乡村振兴补短板、强弱项的基础性工程，更是坚持农业农村优先发展以重塑城乡关系的关键所在，是打开乡村振兴大门的第一把钥匙。

三、乡村教育的弱势地位亟待全社会正视

尽管乡村学校的硬件设施建设明显改善，但不平衡、不充分的城乡二元结构导致的城乡教育资源配置差距依然存在，其中，最为突出的就是"城挤、乡弱、村空"的乡村教育衰败趋势没有发生根本性转变，城乡二元结构导致乡村学校在大多数村庄中空位、教育资源在城乡教育中偏位、乡土元素在乡村教育中缺位成为农民群众普遍关注的热点问题，乡村教育成为全面推进乡村振兴必须面对的最大短板。

1. 乡村学校在大多数村庄中空位。传统的乡村教育与村庄不可分割，紧密相连，扎根于村庄的乡村教育也深深影响着乡土风俗礼仪、节庆活动、农耕生产等②。传统中国的乡村教育发挥的是儒家伦理礼法的教化功能，紧密贴合农耕文明的村庄社会结构，以儒家经典为主要学习内容，"学而优则仕"的精英教育也体现了城乡之间"无差别的统一"③。在传统村庄社会，读书人往往就是乡贤，学校作为村庄的文化高地，与村庄有天然的联

---

① 刘铁芳. 乡村教育的问题与出路[J]. 读书，2001(12)：19-24.

② 李森，汪建华. 我国乡村教育发展的历史脉络与现代启示[J]. 西南大学学报(社会科学版)，2017，43(1)：61-69，190.

③ 饶静，叶敬忠，郭静静. 失去乡村的中国教育和失去教育的中国乡村——一个华北山区村落的个案观察[J]. 中国农业大学学报(社会科学版)，2015，32(2)：18-27.

系，乡村教育与村庄相互滋养，承载着村庄的前途与希望。特别是随着清末新学的创设和民国时期乡村教育运动的蓬勃兴起，学校从开始嵌入村庄到逐渐融入村庄，新中国成立以后不断加强农村基础教育，使现代学校成了村庄不可或缺的组成部分。

但随着现代化的加快推进，工业化、城镇化优先发展的格局不断得到强化，教育资源不平衡逐渐变成城乡二元结构中最为突出的问题。典型事件就是为了不断减少财政对乡村教育的投入，在 20 世纪 90 年代末开展得轰轰烈烈的"撤点并校"行动，导致大量村庄学校急剧消失。不到 10 年，中国原有的"村村有小学"格局从根本上被打破，众多农村小学校被撤并，不少地方甚至到一个乡（镇）只有一所中心校的程度①。如湖南省 2012 年农村小学共 6 836 所，比 10 年前减少 2/3 以上；2012 年农村初中学校共 1 622 所，比 10 年前减少近 1/3②。乡村中小学校的大量撤并，极大地增加了乡村教育的社会成本。上学路程不断变远，不仅导致乡村青少年不断离开村庄与家人，还导致家庭分离，更为严重的后果是由于母亲外出陪读，很多早已"空心化"的村庄从过去的"386199 部队"人口结构（38 指妇女，61 指儿童，99 指老人）逐步向单一的"99 部队"人口结构演化，老龄化趋势日益明显，不到节假日，村庄就难以听到青少年的声音，因此沦为"寂静的村庄"。

当然，农村"空心化"并非仅由乡村中小学校撤并导致，而是由多种综合因素决定的，但不可置疑的是，农民进城择校是普遍存在的现象，乡村学校在村庄中空位是其中一个十分重要的因

---

① 熊春文."文字上移"：20世纪90年代末以来中国乡村教育的新趋向[J].社会学研究,2009,24(5):110-140,244-245.

② 聂清德,董泽芳.一个值得高度关注的问题：城镇化背景下乡村教育生态危机[J].教育研究与实验,2015(5):8-12.

素。据有关研究，存在外出陪读现象的两个村庄均有约 40% 的农户外迁，所在地的乡行政区域内就有 90% 以上的自然村或行政村的学校因撤并而消失，学校数量减少了 86.6%，该乡人口也相应地不断流出①。如果每个乡村都"空心化"，谈何乡村振兴？洋务运动以来，现代学校不断下沉进入村庄，在现代化进程中又退出村庄，致使学校在多数村庄空位，村庄中的青少年长期"不在场"，无疑不断强化了青少年对村庄的疏离感，不仅加剧了绵延千百年的村庄文化的衰亡危机，给乡村文化振兴带来极大挑战，还加速了村庄"空心化"的进程，使村庄后继乏人。

2. 教育资源在城乡教育中偏位。 新时代人民日益增长的美好生活需要和不平衡、不充分的发展之间的矛盾在乡村最为突出，主要表现在城乡之间、乡村之间的教育资源不均衡发展。在城乡现实中，在"重城轻乡"的教育倾向引导下，与城镇超大规模学校、超额班级形成鲜明对比的是，很多村庄存在一师一校、单班校、复式教学点的现象，进城读书成了中国村庄社会的一种经济水平、社会资源的分层标准，所表现出的乡村教育分层化与差异化是重要特征。还有一个不容忽视的现实是，中国还有很多农业县的财政，尤其中西部欠发达地区的县财政是"吃饭财政"，不少县本级财政收入远远低于刚性支出，基本上需要依靠上级转移支付才能保障正常运转。而保障正常运转的财政支出主要是发放财政供养人员的工资，其中教师工资基本占一半以上。再与国家义务教育阶段投入"以县为主"的体制叠加，乡村教育便成为县级财政最主要的支出。中西部地区的县本级财力普遍不足，城乡二元导致办学经费、办学条件不均衡，是教育资源在城乡教育中偏位的一个关键原因。

---

① 张黎.学校消失给村庄带来的变化[J].中国乡村发现,2015(2):163-166.

中国幅员辽阔，每个省份、地区经济发展水平与阶段都不一样，发达地区可以较好地实现城乡统筹资源配置，经济较落后的地区要完全实现城乡优质资源统筹则非常困难。城乡二元经济结构是导致出现城乡差别的深刻根源。很多农村儿童或是要走较远的路上学，或是年幼就上寄宿学校。而那些在城市务工的农民工的子女如果想进入城区学校就读，家长需要费尽周折地弄齐相关证件，不少地方还存在缴纳"赞助费"方能入学的现象①。尽管近几年来各级政府已经加大了对农村办学条件、基础设施的投入，但大多数乡村学校的硬件条件目前依然很难与城市学校相比，农村学生占有的教育资源明显低于城市学生。尽管在全面推进乡村振兴的大背景下，乡村教育资源配置状况有所改善，但城乡之间教育资源配置不均衡的问题依然存在。

师资力量与学校生源的不均衡也是制约乡村教育发展的瓶颈。一方面，在高等教育扩招后的百年中师衰落大背景下，师范教育资源的区位布局越来越远离乡村，集中于大城市。另一方面，省城重点学校利用资源优势，不断吸纳优质教师，不仅县城的教师往省城调，优质生源也不断向省城学校输送，导致好的越好、差的越差，城市优质教育资源逐渐走上产业化发展道路，但乡村教育质量始终无法得到提升，对乡村学生来说，连唯一可以公平竞争的机会都没有。城乡之间教育均衡发展的核心是保证教师资源配置均衡，因为教师是教育的根本，"所谓大学者，非谓有大楼之谓也，有大师之谓也"，这句话不仅适用于高等学府，也适用于基础教育，好的乡村学校，并不在于拥有多少间教室，而是看可以吸引多少名真正热爱乡村、热爱教育的好老师扎根下

---

① 陈学军.义务教育优质均衡发展究竟是什么?[J].教育发展研究,2012,32(22):10-14,30.

来。教师资源的不对等，是制约乡村教育发展最大的瓶颈。

3. 乡土元素在乡村教育中缺位。现代学校进入传统村庄社会后，彻底终结了农业社会的知识手口相传时代，从此，一代代村民需要依赖现代学校接受现代文明的洗礼。也正是乡土元素与现代文明在村庄、学校两个公共场域的互动，推动了村民最初传承与发展的社会化，推动了村庄逐步与城市、工业相对接的现代转型。

长期实行的工业化、城镇化国家战略带来城乡二元的消极影响，使乡村处于工业、城市的附庸地位，形成了以工业化、城镇化为主导的教育思路，教育目标主要是为推进工业化、城镇化培养人才，乡村发展未被列至城乡同等地位。而全面向大城市集中的师范院校从学习环境到知识体系，都以所谓的现代文明，即工业化、城镇化为导向，即便是定向培养的教师，涉及的乡土元素也极少，更缺乏对乡村发展有针对性的学习内容设置及乡土价值观念引导。即使是乡村学校，知识体系也几乎复制自城市学校，导致乡村教育中的乡土文化元素不论是来自教师行为的间接熏陶，还是来自学校知识体系的直接影响，都极其稀缺[①]。因此，从乡村学校的教师培养到乡村学生培养，都呈现出乡土元素的缺位性。

乡村教育全面推行城市化教育，使其脱离了乡村文化的根。当务之急是明确乡村教育究竟要培养什么样的人，是为了让所有人进入城市，还是培养一批热爱乡土、愿意发展乡村的人才？长期以来，乡村的农业经济收益相对城市工商业明显低下，城乡医疗、养老、教育等公共服务严重失衡，面对城市经济与文化的双

---

① 陈时见,胡娜.新时代乡村教育振兴的现实困境与路径选择[J].西南大学学报（社会科学版）,2019,45(3):69-74,189-190.

重冲击，乡村成了落后的代名词，以至对原生乡村产生了强烈的自卑感，乡村社会普遍形成了城市高人一等的心理阴影，摆脱乡村生活就成了绝大多数农民的共同心理追求。这样一套价值观念在乡村教育中的反映，是人们普遍认为最先进的教育方式就是城市化、工业化的知识体系，从而将城市教育照搬到乡村，中国的乡村教育就这样走上了一条彻头彻尾的城市化道路，也就是以与城市相同的教育模式覆盖乡村教育，导致乡村社会乡土意识集体沦陷。

四、乡村教育振兴的战略布局与路径选择

党的二十大报告强调，"加快义务教育优质均衡发展和城乡一体化"。推进乡村教育振兴，应以城乡二元结构中的乡村与乡村教育现实问题为立足点，以乡村教育的新发展阶段、新发展目标、新发展理念、新发展格局为导向，结合乡村振兴战略的基本要求，研判推进乡村教育振兴以实现乡村振兴的战略布局与路径选择。

1. 以城乡融合发展为取向认识乡村教育的新发展阶段。党的十九大报告提出建立健全城乡融合发展体制机制和政策体系，就是要通过制度变革、结构优化、要素升级来重塑城乡关系，以破解城乡二元结构，推动城乡地位平等、城乡要素互动、城乡空间共融，建立城乡融合发展的新型工农城乡关系无疑是推进中国特色社会主义乡村振兴的制度取向。早在党的十七大就提出了基本公共服务均等化的命题，而教育是乡村最迫切需要的基本公共服务，党的十九大报告因此进一步要求推动城乡义务教育一体化发展，关键是必须纠正工业化、城镇化主导的制度和政策偏差，把实现城乡教育公平作为首要任务，将教育作为乡村的首位公共事业，通过资源配置、政策扶持和制度建设优先发展乡村教育，

推进城乡基本教育公共服务均等化①。

在全面推进现代化的进程中，特别要汲取西方国家城市化百年进程的经验教训。20世纪70年代后，西方发达国家出现"逆城市化"现象，就是大城市人口及资源开始转向流入中小城市，特别是大城市周围的农村及郊区小城镇。随着资本、人才、产业和资源"逆城市化"回流乡村，欧美发达国家的城乡教育普及工业化、城市化进程基本同步实现，未出现农业社会过渡到工业社会时乡村教育资源大规模闲置的问题②，可以为中国提供有益借鉴。现在浙江、江苏、上海等发达地区的乡村渐渐出现了类似欧美国家人口回归乡村的"逆城市化"趋势，乡村教育与乡村振兴形成了良性循环。但"逆城镇化"现象并不是每个完成现代化的国家都会出现，比如日本乡村至今"空心化"严重，没有出现"逆城市化"，全国大部分人口集中在东京都市圈，城乡教育陷入乡村中小学资源大量闲置的困境，乡村学校最终被改造为文化馆、博物馆、公民馆等乡村公共文化设施③，这是现代化进程中需要高度重视的教训。

因此，要以城乡融合发展为取向，正确认识乡村教育的新发展阶段，这就要求既要超越碎片化的问题意识，把握好一般性和特殊性的关系。一般性就是人类社会乡村变迁与农业农村现代化的一般趋势及其在中国的体现，核心是按照农业农村优先发展的要求重塑城乡关系④。既不能把乡村当做城市的附庸，又不能对城市进行简单的模仿复制，而是既要关注城市的发展，又要重视

---

① 钟焦平.乡村振兴必先振兴乡村教育[N].中国教育报,2019-03-11(2).
② 张家勇.扶"风"而上：乡村教育发展逻辑[N].中国教育报,2018-10-17(5).
③ 张家勇,朱玉华.农村教育复兴：可能与方向[J].中小学管理,2015(10):4-7.
④ 陈文胜.牢牢把住接续推进脱贫攻坚到乡村振兴的关键与核心[N].湖南日报,2020-09-24(4).

乡村的发展，着力解决城乡教育发展不平衡、乡村教育发展不充分的问题，使乡村教育振兴的进程不再为了服从工业和城市的需要而延缓，真正实现城乡教育一体化，推动教育公平的实现。特殊性就是必须充分考虑到中国幅员辽阔，受地理位置、资源禀赋、历史基础、政策取向等多方面原因影响，出现不同区域不均衡发展的复杂差异性，使各个地方处于现代化进程中的发展阶段不一、经济社会发展水平不一、存在的主要问题不尽相同，发展的目标和历史任务、发展形态和发展方式也就必然不同，呈现区域不均衡发展的现实特征[①]。不同区域、不同发展阶段需要的乡村教育不尽相同，不可能向一个目标、以一个模式同步发展，要面向未来全面现代化进程进行长远规划。如果不分重点搞平均主义或城乡教育均质化，盲目建设"多而不优的教学点"，"撒胡椒面"式的投入极易造成教育资源的浪费，势必导致一些地区出现日本曾经出现的乡村中小学资源严重闲置的问题。在构建乡村教育新发展格局时，要在统筹协调城乡教育发展的基础上，围绕城乡二元导致乡村学校在大多数村庄中空位与教育资源在城乡教育中偏位这两大现实问题，将优化乡村教育布局纳入城乡融合发展与区域一体化的整体规划，使乡村教育振兴服从符合各地客观实际的农业农村现代化新发展格局构建。

2. 以农业农村现代化为使命强化乡村教育的新发展目标。党的十九届五中全会提出全面推进乡村振兴，加快农业农村现代化[②]。乡村教育服务农业农村现代化的目标，也就是习近平总书记强调"按照产业兴旺、生态宜居、乡风文明、治理有效、生活

---

① 陈文胜.脱贫攻坚与乡村振兴有效衔接的实现途径[J].贵州社会科学,2020(1):11-14.

② 中共十九届五中全会在京举行[N].人民日报,2020-10-30(1).

富裕的总要求"①，推动农业全面升级、农村全面进步、农民全面发展②，实现农业高质高效、乡村宜居宜业、农民富裕富足③，从而达到农业强、农村美、农民富的最终目标。因此，乡村教育在全面推进乡村振兴中的使命，就是赋能乡村，不断提高乡村的吸引力、承载力和集聚力，不断增强农民的幸福感、获得感和安全感，这就明确了进入新发展阶段优先发展乡村教育的具体任务和方向。

要打破长期以来乡土元素在乡村教育中缺位的现实困境，就需要以乡土文化与现代文明有机结合为出发点，将无形的乡土文化，变为有形的乡村教育中的知识体系，促进乡村教育与现代文明同步，又凸显"乡愁"的独特蕴涵，促进乡土文化作为乡村特色教育内容与农业农村现代化的时代精神相融合，发展与城市平等但不同于城市的现代乡村教育。既要反对乡村教育追求与城市教育完全均衡一致而忽视乡村发展对教育的需求区别于城市的特殊性，又要反对单纯地遵循乡土化教育思路而拒绝城市文明，导致乡村社会衰落加剧、广大农民被社会边缘化程度加剧。因此，重新确立农业农村现代化中乡村教育的根本目标，是当下乡村教育亟待解决的关键问题④。

农业农村现代化中需要培养什么样的人？怎样培养人？在全面推进乡村振兴的背景下，这些问题迫切需要探讨和解答。毫无疑问，乡村教育承担着为乡村产业振兴、人才振兴、文化振兴、

---

① 习近平.决胜全面建成小康社会 夺取新时代中国特色社会主义伟大胜利[N].人民日报，2017-10-28(1).

② 董峻，王立彬.中央农村工作会议在北京举行[N].人民日报，2017-12-30(1).

③ 坚持把解决好"三农"问题作为全党工作重中之重 促进农业高质高效乡村宜居宜业农民富裕富足[N].人民日报，2020-12-30(1).

④ 刘铁芳.重新确立乡村教育的根本目标[J].探索与争鸣，2008(5)：56-60.

生态振兴、组织振兴培养人这个具有决定性的力量的任务，在乡村生活实际中帮助乡村社会树立文化自信和生存自信，促进农民自由全面发展。2018年中央一号文件就对此作出了具体安排①，要大力培育新型职业农民，加强农村专业人才队伍建设，发挥科技人才支撑作用，创新乡村人才培育引进使用机制。其内在逻辑就是将人力资本植入乡村教育，通过形成良好的教育公共资源与服务、推动乡村文化的繁荣与价值观念进步以及增强劳动者的知识与技能②，来就地培养爱农业、懂技术、善经营的新型职业农民和农业经营主体，就地培养懂农业、爱农村、爱农民的"三农"工作队伍。

3. 以新时代高质量发展为主题贯彻乡村教育的新发展理念。
习近平总书记指出，"新时代新阶段的发展必须贯彻新发展理念，必须是高质量发展"③。随着"三农"工作重心的历史性转移，中国社会进入全面推进乡村振兴的新发展阶段，只有推动质量变革、效率变革、动力变革，才能重塑城乡关系，构建农业高质量发展、农村高效能治理、农民高品质生活的农业农村现代化新发展格局。因此，在推进乡村振兴中必须以高质量发展为主题，重塑教育发展理念，以工农互促、城乡互补、全面融合、共同繁荣的城乡融合发展为引领，重构乡村教育新发展格局，让农业成为有奔头的产业，让农民成为有吸引力的职业，让农村成为安居乐业的美丽家园。

---

① 中共中央,国务院.中共中央国务院关于实施乡村振兴战略的意见[N].人民日报,2018-02-05(1).

② 杜育红,杨小敏.乡村振兴:作为战略支撑的乡村教育及其发展路径[J].华南师范大学学报(社会科学版),2018(2):76-81,192.

③ 习近平.关于《中共中央关于制定国民经济和社会发展第十四个五年规划和二〇三五年远景目标的建议》的说明[N].人民日报,2020-11-04(2).

社会公平是高质量发展的必然要求，而教育公平是城乡公平的最重要基础，是推进城乡融合发展的最有效途径。重塑城乡关系推动高质量发展，就要加快补齐乡村教育发展短板，不断缩小城乡教育发展差距，在城乡教育公平上迈出更大的步伐，从根本上改变教育成为城乡二元分化标志的现状，促进城乡共享发展。因此，重塑教育发展理念的立足点与出发点，都是要不断满足广大农民群众日益增长的高品质生活需要，实现城乡公平的乡村教育优先发展，就是以人民为中心的发展思想的内在要求。改革开放时曾强调效率优先、兼顾公平的理念，如今物质生活已经极大丰富，公平和效率要兼顾，且公平更为重要。只有乡村教育优先发展才能给城乡公平竞争机会，在城乡教育的起点、过程和结果方面做到公平，是实现城乡融合的高质量发展的关键所在。

在高质量发展的大视野中，乡村学校不仅具有保存和传承传统文化的天然优势，还具有培育与传播现代新兴文化的内在功能。因此，一所乡村学校的影响，有形影响的是学生，无形影响的是整个乡村社会。在全面推进乡村振兴中，需要不断提升学校与村庄社会的互动关系，发挥学校教育在村庄文化建设、村民家园归属感和村庄文化认同感建立中的功能与作用[1]，从而激发村庄的生机与活力，让村庄的未来得以安放。随着中国城镇化率进一步提高，人口也将进一步向城市集中，小规模乡村学校会成为今后乡村教育的大趋势，从"小而弱"转型为"小而美"的乡村学校是乡村教育发展的现实选择。而这样一所所生态优美、情感交融、自由本真的学校，存在本身就回答了什么是好的教育。当学生和家长开始陆续回流，乡村教育不再是落后的代名词，甚至大城市的家长也认可乡村教育理念，原意把孩子送到乡村学校来

---

[1]　张黎.学校消失给村庄带来的变化[J].中国乡村发现,2015(2):163-166.

感受教育的"本真"与"美好",就真正实现了乡村教育的高质量发展。

4. 以农业农村优先发展为要求构建乡村教育的新发展格局。党的十九届五中全会明确提出,优先发展农业农村,全面推进乡村振兴①。乡村教育振兴作为打开乡村振兴大门的第一把钥匙,不仅事关农业农村现代化的顺利实现,更事关新发展格局的构建与全面现代化的成败,无疑在全面推进乡村振兴中处于首要位置。可以说,没有乡村教育的振兴,就不可能有乡村的振兴。只有把乡村教育优先发展提升到第二个百年奋斗目标的长远发展战略高度,把乡村教育办成"在农村""富农村""为农民"的教育,才能破解乡村要素中人力资源这个最大的短板、畅通国民经济内循环最大的堵点而使之成为乡村振兴最大的活力来源。

以农业农村优先发展为要求构建乡村教育的新发展格局是一个系统工程,需要各级政府和全社会共同努力。在构建乡村教育新发展格局的过程中把"农业农村优先发展"的原则落到实处,核心是将过去的城市教育优先发展转向乡村教育优先发展,从而实现城乡教育真正平等的同步发展。这就需要发挥社会主义的制度优势和共产党的政党优势,突出超越利益群体的引领作用,把加强党的领导贯穿于"优先发展"全过程,按照把乡村振兴作为全党的"共同意志、共同行动"②的要求,在教师配备上优先安排乡村学校,在教育资源要素配置上优先满足乡村,在财政资金上优先保障乡村教育投入,在公共服务上优先满足乡村学校需要,以破解城乡教育发展不平衡、乡村教育发展不充分的问题,缩小城乡教育差距,实现乡村教育充分发展。

---

① 中共十九届五中全会在京举行[N]. 人民日报,2020-10-30(1).

② 中共中央,国务院. 中共中央国务院关于实施乡村振兴战略的意见[N]. 人民日报,2018-02-05(1).

第三章　乡村教育振兴：战略之基

　　教师是乡村教育的灵魂，加强乡村教师队伍建设是构建乡村教育的新发展格局的关键一环，必须摆在优先发展中的优先地位。受生活条件、发展空间、工资待遇等各方面的限制，很多高校毕业生不愿意到农村任教，乡村教师资源紧缺成为制约乡村教育的突出问题。要优先完善乡村教师的各项福利政策，通过制度设计可以吸引更多的师范毕业生投身农村教育，比如湖南省在全国率先启动实施的农村小学教师定向培养专项计划，公费定向师范生在校学习期间免缴学费、住宿费、教材费等，学生与培养学校、县（市、区）人民政府签订培养协议，毕业后到农村学校任教。现在已经初步形成各类型、各学段、各学科教师培养全覆盖的地方公费定向师范生培养体系，为缩小城乡教师差距奠定了基础性作用。

第四章　乡村产业振兴：重中之重

乡村振兴战略作为新时代"三农"工作总抓手，是当前中国全社会的国家战略行动，旨在消除城乡二元结构，逐步缩小城乡差距，逐步实现共同富裕，是破解发展不平衡、不充分的必然要求。只有产业振兴才能为实施乡村振兴战略奠定坚实基础，只有产业振兴才能从根本上解决农村问题。在实施乡村振兴战略中，必须以产业振兴为前提，使农业成为有奔头的产业、农民成为有吸引力的职业、农村成为安居乐业的家园。

一、产业振兴处于乡村振兴的首要地位

小康不小康，关键看老乡。可以说，乡村振兴战略就是针对解决农村相对贫困问题的一项重大战略，从根本上破解"城市像欧洲，农村像非洲"这种不平衡发展状况。根据社会主要矛盾的转换，中国发展最不平衡的是城乡发展不平衡，发展最不充分的是乡村发展最不充分，受不平衡、不充分影响最大的群体是农民[①]。农村发展滞后并非出于物质贫困，中国大多数乡村山水秀美、物产丰盛、人文厚重，其贫困相当于城市主要是经济贫困，本质上也就是产业贫困。在改革开放过程中，古老的中国乡村开始由自然经济向市场经济转轨，转型快的地方、市场化程度高的地方先富起来了，转型慢的地方、市场化程度低的地方就贫

---

① 陈文胜.实施乡村振兴战略 走城乡融合发展之路[J].求是,2018(6):54-56.

困了。

为什么会这样呢？在市场经济中，利润与资本额成正比，不与劳动付出成正比，也不与劳动产出成正比。多劳不能多得，多产也不能多得，多资才能多得①。在城镇化进程中，资本集聚的城市和非农发达地区日益富裕，资本短缺的农业地区农民特别是种粮农民日益贫困。有这样一个贫穷的事例，农民守着自己种的白菜却不敢吃，说明乡村的贫穷，是货币的贫穷，而非物质的贫穷，关键就在于缺钱，在于缺赚钱的产业，因为再勤奋地劳动也无法致富。根本原因之一就是习近平总书记在十八届三中全会指出的，尽管改革开放以来中国农村面貌发生了翻天覆地的变化，但城乡二元结构没有根本改变②。城市一方面独具资源集聚的天然优势，强化了对乡村要素在市场机制作用下的"虹吸效应"；另一方面在国家现代化战略下，城镇化、工业化处于中心地位，体制机制与政策体系方面强化了工农城乡的不平等发展格局③。资本集聚带动人才、技术加快向城市、工业集聚，这是造成城乡发展差距不断拉大的一个发展阶段性体制原因。

中国工业化与城镇化进程的一个重要特点就是不同步发展的历史进程，工业化走在城镇化前面，农业是四化同步的全面现代化短板，农村是全面小康的短板。习近平总书记在十八届三中全会强调，城乡发展不平衡不协调，是中国经济社会发展存在的突出矛盾，是全面建成小康社会、加快推进社会主义现代化必须解

---

① 陈文胜.乡村振兴的资本、土地与制度逻辑[J].华中师范大学学报（人文社会科学版），2019(1)：8-11.

② 习近平.关于《中共中央关于全面深化改革若干重大问题的决定》的说明[N].人民日报，2013-11-16(1).

③ 陈文胜.实施乡村振兴战略 走城乡融合发展之路[J].求是，2018(6)：54-56.

决的重大问题①。随着现代化的加快推进，截至 2022 年年末，中国的城镇化率已达 65.22%，社会发展阶段处于农业中国进入工业中国、乡村中国进入城镇中国的历史拐点。党的十九大报告提出实施乡村振兴战略，走城乡融合发展之路②，以农业农村优先发展的原则补齐农业农村发展的短板，缩小城乡差距，实现城乡平衡充分发展，在根本上解决农业、农村、农民的落后问题。

乡村振兴，关键要推进产业振兴。习近平总书记强调，产业振兴是乡村振兴的重中之重③。因为乡村振兴的核心是不断提高农民收入，而提高农民收入的核心是产业振兴。只有抓好了产业振兴这个实现共同富裕的关键，乡村振兴才有根本保障，才能确保乡村同步全面实现现代化。因此，习近平总书记把"产业振兴"摆在"五个振兴"中的首要地位④。只有抓好了产业振兴这个实现乡村振兴的关键，美丽乡村才有经济基础，农民生活富裕才有最可靠支撑。因此，无论是巩固脱贫攻坚成果还是推进乡村振兴，都要依靠产业振兴来建立促进农民增收与推动生活富裕的长效机制，表明了产业振兴是实现乡村振兴的内在要求，也是实施乡村振兴战略的首要条件。

二、农业是推进乡村产业振兴的最核心产业

党的十九大作出了实施乡村振兴战略的重大决策部署，而农业是乡村的本质特征，乡村最核心的产业是农业。国以民为本，

① 习近平.关于《中共中央关于全面深化改革若干重大问题的决定》的说明[N].人民日报，2013-11-16(1).

② 习近平.决胜全面建成小康社会 夺取新时代中国特色社会主义伟大胜利[N].人民日报，2017-10-28(1).

③ 锚定建设农业强国目标 切实抓好农业农村工作[N].人民日报，2022-12-25(1).

④ 习近平李克强王沪宁赵乐际韩正分别参加全国人大会议一些代表团审议[N].人民日报，2018-03-09(1).

第四章 乡村产业振兴：重中之重

民以食为天。确保农产品供给，无疑是乡村振兴的首要任务。农安天下安，安农安天下。无论是巩固脱贫攻坚成果还是全面推进乡村振兴，都需要从农业现代化破题。习近平总书记提出，"中国要强，农业必须强"[①]，以此作为评判中国现代化的根本标准之一，突出农业在乡村振兴战略中的战略地位。发达国家的现代化经验也表明，一方面，农业现代化是农村现代化的一个根本标志，农业发展的每一次飞跃都会引起乡村发展的现代变革；另一方面，农村现代化加快农业现代化，乡村的每一次现代变革又对乡村发展提出新要求[②]。2018 年中央一号文件强调，"提升农业发展质量，培育乡村发展新动能"[③]，进一步明确了农业现代化是实现乡村振兴的重要保障和现实途径。因而农业现代化既是乡村振兴的一个战略目标，也是乡村振兴的一个必然要求。

农业是一个古老的产业，也是一个弱势产业，恰恰又是绝大多数乡村的核心产业，这给推进乡村振兴带来了极大的挑战。因为除了人为因素外，地理位置与自然环境、资源禀赋是难以改变的约束条件，决定了绝大多数乡村不具备通过工业化、城镇化来实现快速发展的可能。从宏观层面来看，城乡之间的这种差距也是工业化、城镇化进程中阶段性的发展趋势，是列宁所言"地方的闭塞性和狭隘性"即乡村地理位置局限性的必然产物。以农业为主的乡村，局限于土地在地理位置上的不可移动性，而以工业为主的城市，不局限于土地的地理位置。因此，城市具有乡村所没有的产业规模效应与集聚效应的天然优势，造成农业效益递减

---

① 习近平.在中央农村工作会议上的讲话[M]//十八大以来重要文献选编:上.北京:中央文献出版社,2014:658.

② 陈文胜.为乡村振兴提供内在动力[N].人民日报,2019-05-13(9).

③ 中共中央,国务院.中共中央国务院关于实施乡村振兴战略的意见[N].人民日报,2018-02-05(1).

与工业效率递增、农业在国民生产总值的比重不断下降这种不可逆转的态势，从而导致工业化、城镇化进程中阶段性的工农城乡差距不断扩大。

城乡差异性长期存在，使农业的持续发展成为人类社会现代化进程中任何国家都无法回避的共同命题。即使发达的美国农业也同样因务农辛苦、收入低而出现农业后继无人的问题。根据有关研究，美国农场的农业生产收入在总收入中的比重从 1960 年的 50％左右下降到 2019 年的 15％左右①。从世界范围来看，欧洲、日本的农场收入比重也基本如此，农业生产收入已经不再是农民增收的主要渠道，越来越集中于非农产业的兼业收入。而最大的问题是，美国 60％的农民每年销售产品所得利润不足 1 万美元，根本没有足够的经济利益激励年轻人选择农业，农业几乎后继乏人。截至 2018 年 6 月，美国中西部地区申请破产的农场是 2014 年同期的两倍，在玉米和大豆集中种植区尤为突出②。

工业化、城市化会导致农业人口不断下降，农民平均年龄不断老化，不少村庄因此消失，这是几乎所有现代化成功的国家都经历过的发展阶段。如日本 2014 年的城镇化率就达到 93％③，但工农城乡差距至今依然存在。日本一些地方政府在乡村建房子，要求入住 3 年就赠送，却很少有人问津。根本原因无疑是农业落后于非农产业，农业依然属于弱势产业，农民缺乏充分的发展机会而随时可能陷入返贫的困境。有数据显示，日本农业劳动

---

① 党国英.关于乡村振兴的若干重大导向性问题[J].社会科学战线,2019(2):172-180.

② 珮菁.美国政府帮年轻农民致富[J].科学大观园,2015(7):4-5.

③ 中国民生银行研究院.日本经济发展兴衰的启示与借鉴[J].中国商界,2017(Z1):90-95.

力的平均年龄比中国农业劳动力的平均年龄高 10 岁左右①，农民老龄化与农业效益低于非农产业效益是几乎所有现代化成功的国家都未能根本解决的难题。就中国而言，不是所有的乡村和农民都不富裕，东部沿海发达地区和城郊的绝大部分乡村和农民就比较富裕，而中西部地区和偏远山区的绝大部分的乡村和农民（特别是种粮农民）不富裕。

从微观层面来看，当前中国乡村的大多数农民文化程度较低，文化程度较高的人大多不愿从事农业，因为非农产业收入普遍高于农业。而从事农业的绝大多数农民，基本是由妇女、儿童、老人组成的"386199 部队"，普遍一无所长或因病因残无可奈何地留在乡村，留在乡村有一定能力或专长的村民也普遍以就地从事非农产业为主。特别是脱贫地区的乡村普遍处于"老少边穷"地区，资源优势不明显，基础设施建设普遍落后，不少地区甚至自然环境恶劣，很难适应现代产业发展的需要。大多数乡村的地理位置普遍远离作为区域经济发展中心的城镇，区位先天缺陷，市场资源配置效率低、成本高，资源要素难以资本化，因而乡村产业发展资金极为短缺。因此，尽管中国不同地区的乡村经济差异悬殊，但乡村普遍存在先天性局限，基本上以农业生产主导，大多是种植业、养殖业，农民经济收入主要来自农业初级产品生产或初级产品加工，这是乡村产业面临的共同问题。

三、小农户是推进乡村产业振兴的最大现实

人多地少是难以改变的最大国情，决定了小农户在中国相当长时期必然存在。根据有关统计，2016 年年底，中国经营规模在 50 亩以下的农户有近 2.6 亿户，占农户总数的 97% 左右，经

---

① 陈锡文、韩俊解读《深化农村改革方案》[J]. 发展，2015(12)：6-10.

营的耕地面积占全国耕地总面积的 82% 左右，户均耕地面积 5 亩左右。据初步测算，到 2030 年，经营规模在 50 亩以下的小农户将有 1.7 亿户左右，约占全国耕地总面积的 70%；到 2050 年仍将有 1 亿户左右，约占全国耕地总面积的 50%①。与中国同为"东亚小农社会"的日本，2014 年城镇化率高达 93%，目前农业规模化程度为户均耕地 30 亩②。而中国在相当长的时期内，城镇化率难以达到这个高度。即使在 2050 年实现全面现代化，城镇化率也达到 70% 的战略预期，还有 30% 即 4 亿多乡村人口不能城镇化，按照 18 亿亩耕地红线标准计算，就是人均 4 亩多地。因此，"人均一亩三分、户均不过十亩"的小农户是我国农业经营的主体力量，也是农业生产经营的主要组织形式。

党的十五届三中全会早就明确，中国特色的现代化农业就是"家庭经营再加上社会化服务"③。后来不少学者和官员认为小农生产是落后的生产方式，必须走规模化大农业之路。姚洋则提出必要重新审视小农经济形式对中国发展的历史作用。他认为以小农经济为代表的中国农业仍然是世界上最发达的，在清代就代表了世界农业文明的顶峰；而且由于具有"无剥夺的积累"的优势，形成了改革开放以来中国工业化、城镇化的低成本发展优势，避免了西方工业化、城镇化进程中贫民窟大规模出现的现象④。在客观现实中，直到今天，中国农业的大规模经营仍没有实现，走了多年弯路后发现，小农户依然是中国农村经营主体中

---

① 屈冬玉.以信息化加快推进小农现代化[N].人民日报,2017-06-05(7).

② 李铁.对城乡融合发展要有清醒认识——兼论"城乡融合发展"背后的深意[N].北京日报,2021-07-12(10).

③ 中共中央.中共中央关于农业和农村工作若干重大问题的决定[N].人民日报,1998-10-19(1).

④ 姚洋.小农生产过时了吗[N].北京日报,2017-03-06(18).

的绝大多数。党的十九大报告提出实现小农户和现代农业发展有机衔接的明确要求，使之成为推进农业农村现代化的主攻方向。

中共中央办公厅、国务院办公厅发布的《关于促进小农户和现代农业发展有机衔接的意见》明确："我国人多地少，各地农业资源禀赋条件差异很大，很多丘陵山区地块零散，不是短时间内能全面实行规模化经营，也不是所有地方都能实现集中连片规模经营。当前和今后很长一个时期，小农户家庭经营将是我国农业的主要经营方式。"① 毋庸置疑，中国大多数乡村绝非处于具有资源禀赋与区位优势的地方，而脱贫地区的乡村与"老少边穷"、环境恶劣、偏远山区等有着必然的联系，处于马克思所称的"愚昧状态"②，是列宁所称的"偏僻的、落后的、被历史遗忘的穷乡僻壤"③。相对于华北平原、东北平原、江淮平原等农业发达地区的乡村，基本上是"人均不过几分地、户均不过几亩地"，不仅人均耕地偏少，耕地细碎化突出，而且农民组织化程度偏低，农业经营规模偏小，人口流出更快，劳动力老龄化情况更加严重。

毫无疑问，绝大多数乡村集中了中国2亿多个小农户中的绝大多数，是中国小农户的主力军，却处于农业经营主体的"金字塔"底端，是巩固脱贫攻坚成果不容回避的最大现实，是中国整个农业发展和乡村振兴的最广大主体和最基本力量，更是最大的约束和主攻方向，可以说，小农户作为乡村产业振兴的最大短板，既是乡村振兴的重点和难点所在，也是破解农业发展约束的潜力和希望所在。能否把小农户引入现代农业发展轨道，不仅决

---

① 中共中央办公厅,国务院办公厅. 中办国办印发《关于促进小农户和现代农业发展有机衔接的意见》[N]. 人民日报,2019-02-22(1).

② 马克思,恩格斯. 马克思恩格斯全集:第4卷[M]. 北京:人民出版社,1957:470.

③ 列宁. 列宁全集:第3卷[M]. 北京:人民出版社,1957:527.

定着乡村振兴的成败，还决定着中国全面现代化的成败。

四、政府与市场的关系决定着乡村产业振兴的成败

在一些人看来，农业低水平与农民贫困是因为小农懒惰、愚昧，缺乏经济人的理性。而舒尔茨认为，农民作为经济人的精明和理性丝毫不亚于任何企业资本家，能够为追求最大化利润做出合理的选择，并按照利润最大化的原则在现有的技术条件下使资源要素配置最优化、效率最大化。在舒尔茨看来，"一旦有了投资机会和有效的刺激，农民将会点石成金"①。其中就包含着最重要的市场逻辑。中国由计划经济向市场经济转轨，实现了14亿多人口的全球大国由全力解决温饱问题到全面建成小康社会的历史跨越，成为人类史上最为壮观的历史事件，就充分印证了舒尔茨的理论判断。

中国改革开放前，政府年年给农民发放扶贫款、救济粮，为什么农民依然普遍贫穷、农产品依然普遍短缺？周其仁教授一针见血地指出，政府一手紧闭机会之门，一手扶贫救济帮困②。改革开放后，中国不仅成功地解决了全社会的温饱问题，而且使8亿人口从根本上摆脱了贫困状况，最根本的经验就是以推进市场化改革为重点，放活农村、放活农业、放活农民，让农民有出售自己产品的机会，让农民有自由择业的机会，让农村有获得政府和市场投资的机会。万元户作为那个时代的风云人物，都来自中国最贫穷的群体——农民、最落后的地区——农村③。

农村改革的滞后，导致长期以来政府直接主导农业生产的发

① 舒尔茨.改造传统农业[M].梁小民,译.北京:商务印书馆,1987:5.
② 周其仁.增加致富的机会更重要[N].北京日报,2007-02-05.
③ 陈文胜.现代化的不同步演进与乡村振兴前景的忧虑[J].中国乡村发现,2018,(1):12-19.

展，直接投资农业产业项目，使政府越位与市场缺位的问题非常突出；而在农产品质量监管和区域品种生产规划、市场服务等方面，却存在政府缺位而市场越位的问题。这样一来，就扭曲了市场价格和供求关系，影响了市场机制的作用发挥，导致相当长时期内农村经济一直没有走上良性的发展轨道。特别是近几年一些地区的农业生产，由于没有市场导向，盲目扩大规模，使不少农产品产能过剩。如不少地区一旦出现一个地域品牌农产品卖到每斤几十元的高价，成功的案例立即被称为可复制、可推广的经验，在整个区域甚至跨区域大规模地复制、推广，出现单一产品从供不应求到供大于求的变化，不到两年，价格便直线下滑到每斤几元。

问题在于，那些率先发展起来的专业户受市场的推动，无论资金还是技术的投入都是自负盈亏的市场行为，不少已经发展出区域品牌农产品的成熟型优势产业。而政府在整个区域甚至跨区域大规模复制、推广同质农产品，无论是资金还是技术的投入，甚至市场服务和生产管理，都是一站式的政府行为，即使能够推动不少专业户的发展，也具有不确定性，属于成长型产业，因为政府的扶持不具有长期性。在政府的积极作为下，非市场性地迅速扩大同一产品的生产规模，同质相争难以避免，进而出现价格下跌、产品大面积滞销。即便如此，同一产品，市场导向的专业户因为成本自负，可能每斤卖 10 元才能赚钱，而政府扶持的专业户不需要自负成本，可能每斤卖 5 元就能赚钱。这就是典型的市场严重扭曲，导致农产品结构失衡，给农业发展带来极大的市场风险，造成双输的结果：市场导向、成熟型的专业户因此破产，政府扶持的同质农产品因此大面积滞销，势必给整个地区的产业带来风险。

情况更为复杂的是，中央提出深化农业供给侧结构性改革，推进高质量发展，根本目的就是以质量兴农、绿色兴农、品牌强农为导向，淘汰低端产品，扩大高质量品牌农产品的生产规模，从而优化农业区域结构、品种结构、产业结构，以不断提高农业质量效益和竞争力。而客观现实是，质量效益和竞争力偏低，需要淘汰的低端产业、低端产品，牵涉的绝大多数是发展落后的乡村与农民。高质量发展非一日之功，低质量发展又受限制，会严重影响到农民的收入，进而影响巩固脱贫攻坚成果，就不得不放任质量效益和竞争力偏低的产品继续生产，而且政府不得不予以各方面支持扩大生产，进一步加剧了农业供给侧结构的供大于求与供不应求之间的矛盾，带来的市场风险实质上就是农民的返贫风险。

特别是农业金融贷款，无论是适应高质量发展的要求，还是适应金融的市场规则，都应该以具有确定性的成熟型企业和专业大户为贷款申请门槛或资格，支持高质量产品扩大生产，培育乡村优势主导产业，形成产业振兴的长效机制。不应该以具有不确定性的成长型企业和专业大户为贷款申请门槛或资格，使不少质量效益和竞争力偏低的低端产业、低端产品继续扩大生产，这无疑将带来金融风险，严重影响乡村产业发展质量变革、效率变革、动力变革的转型升级进程，还造成政府主体、农民客体的乡村发展现状，出现不少"政府忙着干、农民站着看"的怪象，结果大多播下的是龙种，收获的是跳蚤。

因此，最关键的是找准有为政府与有效市场的黄金结合点。有为的政府不应大包大揽干预农民具体的经营行为和生产行为，而是通过优化制度供给、政策供给、服务供给，把不该管的"放"给市场，推动有效市场的形成与完善，激发乡村发展的内在动力以产生乘数效应。在农业发展实践中，政府和市场结合得最好的案例，就是农机社会化服务。凡是购买农机的经营主体，政府在政策上都按照统一的标准给予农机补贴；凡是提供农业生产服务的农机经营主体，由农民按照市场价格支付服务费用。这样一来，政府提高了投入效益，农民降低了生产成本，政府、市场、农民三方以及各种要素都实现了配置最优化、效率最大化。

五、社会化服务与品牌化战略是乡村产业振兴的重点

如前所述，对乡村产业振兴而言，农业是最核心的产业，小农户是最大的现实。怎样弥补小农户经营规模的不足，特别是如何破解小农户的农业现代化装备难题？长期以来，小农户土地规模偏小且分散落后，不能实现机械化。因为每个小农户都没有实现机械化的能力，有这个能力也没有相应的效益，不要说人均耕地面积偏少的南方丘陵地带与山区，即使是人均耕地面积较多的北方平原，农民也不会为自家的几亩地专门买一台收割机。

在现代化背景下，人口不断向工商业发达的城市集中是必然趋势，而中国耕地资源的先天性局限又加剧了谁来种地的问题，这就必然要求从农业的生产、加工、销售、储存等环节推进专业化分工的社会化服务，建立生产各个环节、市场各个环节的区域性农业社会化服务体系，将政府、企业与农户连接起来，实现一、二、三产融合的跨区域性农业社会化服务组织，实现与小农户有效衔接，释放科技赋能的技术红利与数字红利，加快传统的农业生产方式变革。

由于社会化服务组织成了从事和服务农业生产的主体，现在传统的小麦生产，从播种到收获的耙压、施肥、除草、浇水、收割等22个生产环节，基本上都通过社会化服务实现了机械化替代。农业农村部统计，北方整个小麦产区通过农机社会化服务，

2018年大规模小麦跨区机收从启动到进度过八成仅用时17天，有5天日机收面积超过2 000万亩①。不仅农机使用效率高，而且农民生产成本低。还要特别指出的是，北方过去晒干小麦，人工成本很高，还要占用场地、道路；现在是社会化服务经营主体投资购买烘干机，为农民提供所需成本远低于过去的小麦烘干服务。因此，小麦的经营规模发生了巨大的变化，北方整个小麦产区就是大规模经营。

对南方的丘陵地带与山区而言，自然条件无疑对机械化存在先天性约束。随着农业科技的创新，小型、微型农机的问世弥补了自然条件的缺陷，越来越多"傻瓜式"农机进入小农户的农业生产，现在不少丘陵地区、偏远山区的农业耕种也通过社会化服务实现了机械化。这是中国农民的伟大实践创造了小农大国的农业发展奇迹，不仅打破了小农户小块土地不能实现农业机械化的论断，还颠覆了传统意义上的农业规模经营概念，赋予农业现代化新的内涵和新的定义，引发中国农业发展新的变革，使社会化服务成为中国农业发展的大趋势。像山东在全省推进农业从生产到市场的全托管，促进农业产业"接二连三"地融合发展，使农业价值链和产业链得到全面拓展，增强了农业的可持续发展能力，实现了农业生产集约高效。

中共中央办公厅、国务院办公厅发布的《关于促进小农户和现代农业发展有机衔接的意见》要求，在鼓励发展多种形式适度规模经营的同时，从发展农业生产性服务业、加快推进农业生产托管服务、推进面向小农户产销服务、实施互联网＋小农户计划、提升小城镇服务小农户功能等方面健全面向小农户的社会化

---

① 林嵬,宋晓东,于文静.夏收"农忙不见人""种粮人"在哪里[N].河南日报,2019-06-04(4).

服务体系，加强面向小农户的社会化服务，促进传统小农户向现代小农户转变①。2019 年的政府工作报告提出，加强面向小农户的社会化服务②，这是中国农业的发展方向，不仅事关乡村产业振兴的成败，更事关中国农业农村现代化的成败。

　　产业振兴的另一个重点是品牌化战略，也就是如何推动乡村资源优势和生态优势转化为乡村产业发展的经济优势。大多数乡村与特定的山水、气候、地貌相连，不同的乡村具有不同的优势和特色，应按照不同资源禀赋实现产业差异化发展。然而，由于农业是弱势产业，发展落后也与发展严重滞后的农业产业相联系。乡村普遍存在的问题是，无论是政府还是农民对农产品怎么生产都很熟悉，对在市场上怎么营销农产品都不熟悉。所以农业生产跟风"一哄而起"的同质化现象非常普遍，由此带来的增产不增收而"物贱伤农"的问题非常严重，造成价格便宜的农产品无人问津，高价进口的农产品却供不应求的现象。如湖南农民将自己种的大米喂猪，吃的却是东北大米、泰国大米。2018 年湖南柑橘产能过剩，至少有 1/3 烂在山上。很多农民在政府指导下经历了一次次失败后禁不住问：谁能告诉我，究竟种什么？这表明中国农业发展的主要矛盾正在由总量不足向结构性矛盾转变，已经进入新的历史阶段③。

　　改革开放初期，农产品短缺，处于卖方市场历史阶段，而且人均收入水平不是很高，消费结构单一，农产品供给结构相对简

---

　　①　中共中央办公厅,国务院办公厅. 中办国办印发《关于促进小农户和现代农业发展有机衔接的意见》[N]. 人民日报,2019-02-22(1).

　　②　李克强. 政府工作报告——二〇一九年三月五日在第十三届全国人民代表大会第二次会议上[N]. 人民日报,2019-03-17(1).

　　③　陈文胜.农业供给侧结构性改革:中国农业发展的战略转型[J].求是,2017(3):50-52.

单，不需进行品质细分，以大宗产品为主。现在不仅不少农产品供给过剩，进入买方市场的时代，而且人均收入水平不断提高，消费水平不断转型升级，导致消费结构多元化，这就必然要求农产品品质不断提升与供给结构品种多元化，需要细分品种品质以满足市场的需求结构。因此，2015年12月召开的中央农村工作会议首次提出农业供给侧结构性改革，2017年中央一号文件以推进农业供给侧结构性改革为主题，《乡村振兴战略规划（2018—2022年）》提出坚持以推进农业供给侧结构性改革为主线，加快提高农业供给质量，始终突出以农业供给侧结构性改革为农业农村工作的主线。也就是要求农业发展从增产导向向提质导向转变，把产业振兴作为乡村振兴的根本之策，让农业成为支撑乡村振兴的美好产业。

习近平总书记参加十三届全国人大二次会议河南代表团审议时强调，要推进农业供给侧结构性改革，不断提高农业质量效益和竞争力，实现粮食安全和现代高效农业相统一①。在现代经济社会，品牌是质量效益与竞争力的综合体现，是产业的核心竞争力，市场领域的所有产业竞争集中体现为品牌竞争。2017年，国务院下发《关于发挥品牌引领作用推动供需结构升级的意见》，对整个国民经济提出了品牌战略，要求以品牌引领供需结构转型升级，作为供给侧结构性改革的战略着力点。

工业一般以无机物或结束了生命的有机物为原材料进行生产，而农业以特定地域的土壤、降水、光照、积温等生态环境的自然再生产为基础，利用生物的生命活动进行生产，具有明显的地域特征与资源禀赋特征。橘生淮南则为橘，生于淮北则为枳。

---

① 习近平李克强王沪宁韩正分别参加全国人大会议一些代表团审议[N].人民日报,2019-03-09(1).

正是农业生产的自然选择属性，使特定的地域环境、种养方式、文化历史传承直接决定农产品特有的营养价值与品种品质，决定农业产品的差异性与农业生产的地域分工，决定农产品都是具有特定地标符号的产品。单纯依靠现代科技生产的农产品的品质和味道，与在自然条件下生产的农产品完全不同。因此，农产品品质的区域地标性、资源稀缺性、产品唯一性、品质独特性和不可复制性，使实施农产品地域品牌战略成为提升农产品质量效益与市场竞争力的必然选择，是破解农产品同质竞争的突破口①。

产业振兴的关键是推动传统农业高质量发展，因此，地域品牌是提升农产品市场价值的重要抓手，是产业可持续发展的原动力和航标。但品牌并非通过广告就能造就，因为农产品已经进入过剩时代，只有发展独特的地域产品，为消费者提供独特的价值，才有核心竞争力，才能成为占有市场主导地位的优势产业，才能实现可持续发展。政府要转变农业的工作思路，要从抓生产转变为抓市场，要从抓规模、抓产量提高转变为抓品牌、抓质量提升，建立以品牌为导向，以优化农业区域结构、品种结构、产业结构为目的的正面清单和负面清单。明确政府支持的特色产品，并逐渐淘汰效益低、缺乏市场竞争力的产品。对绝大多数乡村而言，种植选择是关系到产业振兴成功与否的核心问题。同时，形成地域品牌后，还需要相应的龙头企业把生产环节、加工环节、流通环节、销售环节等进行"接二连三"，形成产业链，以实现产业化。

六、树立"大食物观"开辟农业发展新赛道

习近平总书记提出，要树立"大食物观"，从更好满足人民

---

① 陈文胜. 论中国农业供给侧结构性改革的着力点[J]. 农村经济，2016(11)：3-7.

美好生活需要出发，掌握人民群众食物结构变化趋势，在确保粮食供给的同时，保障肉类、蔬菜、水果、水产品等各类食物有效供给，缺了哪样也不行①。这是顺应人民对美好生活的向往，要求由"吃得饱"向"吃得好"转变，构建多元化食物供给体系，以满足人民群众对多元化食物消费的更高要求。"大食物观"为中国发挥独特的地理资源优势与农业特色优势，在农业高质量发展上走出一条新路提供了根本遵循，开辟了农业发展新赛道。

1. 发挥具有构建多元化食物供给体系条件的独特优势。中国地形复杂多样，平原、高原、山地、丘陵、盆地 5 种地形齐备，是一个多山之国，也是一个多水之国，素有"三山四水一分田"之称，长期以来形成了农业生产与饮食多元结构的历史传统，农产品品种繁多且物产丰盛，呈现农业发展区域差异性与发展路径多元性的双重面向。

多特色产品的地理优势。中国地理成分多样，区系成分复杂，自然资源丰富，生物种属繁多，群落类型丰富多样。既有生态优良的大山区与地形复杂的丘陵、盆地，也有大江、大湖和平原地区，光、热、水资源优越，不同的地理位置形成不同地域的小气候，不仅具有生产优良独特农产品的天然条件，还具有发展山地农业、林下农业、水域农业等多种农业形态的天然条件，具有构建多元化食物供给体系的地理资源优势。

多品种繁育的农业科技优势。习近平总书记在提出树立"大食物观"时强调，"根本出路在科技"②。在农业科技上，单以湖南为例，就拥有水稻院士、鱼院士、油菜院士、养猪院士、辣椒院士、茶院士、果树院士等 8 个领域的院士，在多个领域居世界

---

① 把提高农业综合生产能力放在更加突出的位置 在推动社会保障事业高质量发展上持续用力[N].人民日报,2022-03-07(1).
② 同①.

或国内领先地位；拥有杂交水稻国家重点实验室、省部共建淡水鱼类发育生物学国家重点实验室等国家级省级农业创新平台39家，特别是以岳麓山种业国家实验室为核心的现代种业高地，正进一步提升农业科技优势，对构建多元化食物供给体系提供了有力的科技支撑①。

多业态融合的中国饮食文化优势。中国复杂的地理环境及气候、文化因素造就了地域饮食特色，使中国菜成为有数千年历史的饮食文化的载体。如今，中国菜系已发展为川菜、湘菜、鲁菜、浙菜、闽菜、徽菜、粤菜、苏菜八大菜系，形成餐饮、旅游、文化等多业态融合的中国饮食。中国菜系与中国饮食文化的影响力不断攀升，对提高农民收入、实现农业高质高效具有引领作用，为构建多元化食物供给体系发挥着从田间到餐桌的全产业链整合作用。

多元化结构的农业生产优势。由于地理环境复杂，不同区域的不同自然选择以及与自然规律、市场选择相适应的不同技术手段，使不同地区具有不同类别的农产品，同一品种在不同的地区具有不同的品质，形成了东北区、内蒙古及长城沿线区、黄淮海区、黄土高原区、长江中下游区、西南区、华南区、甘新区、青藏区等各具特色的多元结构与区域分工，形成了涵盖了山水林田湖的多样性"立体式"农产品结构，为构建多元化食物供给体系提供了独一无二的生产优势。

2. 构建多元化食物供给体系面临的现实难题。尽管构建多元化食物供给体系有诸多优势，但结构性矛盾仍是中国农业发展的突出问题，也是影响农业增效、农民增收的瓶颈，需要着力解

---

① 陈文胜，陆福兴，李珊珊. 落实"大食物观"做优"一桌湖南饭"[J]. 新湘评论，2022(10)：34-35.

决现实存在的 6 个问题。

农业生产的区域分工不明确。农产品具有鲜明的地域性，不同地域的农产品品质因自然地理特征不同而不同。长期以来，农业生产的区域分工不明确，主要表现在农产品相似度较高，区域差异优势不明显，农产品同质竞争、供求失衡比较严重。因此，全国具有较强竞争力的规模化优势产业带和特色产品不多，农业区域化布局、专业化分工的水平较低，区域主导产业结构同质化的问题突出，易陷入农产品市场品牌特色竞争少而简单的价格竞争多的困境。

农产品的品质结构明显失衡。工业化、城镇化的快速推进，使食物结构不断分化，导致中、高端农产品的品质与品种需求呈不断上升的趋势。长期以来，农业发展以"以量取胜"为主导，导致农产品的低、中、高端品质结构严重失衡，高、中端农产品供不应求，低端大宗农产品供大于求。如湖南的政府稻谷托市收购连年启动，果蔬水产等方面的农产品滞销事件连年发生，并由零星分布逐渐演变成各地的区域性滞销①。

绿色转型成为长期挑战。农虽旧业，其命惟新。习近平总书记指出，推进农业绿色发展是农业发展观的一场深刻革命，也是农业供给侧结构性改革的主攻方向②。随着农家肥逐渐"一粪难求"，资源循环利用的传统农业发展模式逐步被现代石化农业取代，农业生产越来越依赖化肥和农药，否则农民无法获得稳定的收成。与此同时，过度使用化肥农药、土地超负荷掠夺式经营导致耕地质量不断下降成为无法回避的现实难题。因此，突破瓶颈推进农业发展绿色转型，是一项长期的挑战。

---

① 陈文胜,陆福兴,李珊珊.落实"大食物观"做优"一桌湖南饭"[J].新湘评论,2022(10):34-35.

② 敢于担当善谋实干锐意进取 深入扎实推动地方改革工作[N].人民日报,2017-07-20(1).

鲜活产品的冷链物流严重滞后。适合构建多元化食物供给体系的农业品，绝大多数为鲜活农产品，不仅具有产品量大、品类繁杂、保鲜保质期短等特点，还存在季节性集中上市和分散性需求的供需矛盾。而当下农业发展普遍偏重供给端的生产，未能注重市场体系建设。调研发现，冷链物流基础设施设备不足、冷链设施分布不均、冷链物流成本过高、农产品分销体系及物流配送体系建设明显滞后、流通成本过高等问题普遍存在，导致瓜果、蔬菜等农产品在出产期集中上市，因供大于求而价格下跌，在非出产期价格上涨而产品供难应求。

农产品优质优价的实现机制缺失。优质优价是市场经济的基本要求，但当前的农业发展中，在生产环节普遍缺乏农产品质量分级的思想观念和技术标准；在市场环节没有全面建立以质量分级为基础的价格形成机制，缺乏农产品质量分级的交易体系与监管体系；在财政方面缺乏农产品质量分级的技术支持、奖补以及市场体系的政策支持框架，导致优质不能优价、绿色生产不能增收，严重挫伤了农民生产绿色优质农产品的积极性。

3. 构建多元化食物供给体系的基本思路。 树立"大食物观"，构建多元化食物供给体系，不是简单的改变结构或提高质量的问题，而是一项系统工程，必须跳出固有思维模式，从农业发展的结构性矛盾出发，在"三山四水一分田"的独特国情空间中拓展农产品生产新领域，形成符合食物消费结构变化趋势的生产结构和区域布局。

以"一县一特"为取向，优化特色农产品品种布局。以县域为单位优化农产品区域布局，实现县域农产品差异化竞争和错位发展。以"一县一特"为取向。按照产业化、市场化发展的规律要求，根据资源禀赋、区位地理、市场需求、传统习惯确定不同县域的农业支柱产业，科学规划布局全国的优势农业产业，因地制宜实现特色发展。制定县域产业发展清单。建立各县域农产品品种"正面清单"支持机制与"负面清单"约束机制，明确地方各级政府财政对农业产业的支持方向，以优化县域农产品品种结构为基础，优化区域农业产业结构，引导农民念好"山海经"、唱好"林草戏"、打好"果蔬牌"。做好县域"一县一特"全产业链。以财政资金为杠杆，支持县域建立和完善"一县一特"全产业链，延长产业价值链，促进县域三产融合发展，逐步形成合理的区域分工和专业化生产格局。

顺应消费结构变迁，加快农产品的中、高端品质提升。农产品的供给侧结构必须与消费结构衔接。顺应消费升级趋势。根据市场需求不断分化的趋势，不断扩大中、高端农产品的结构比重，满足不同层次消费者的多元需求。突出区域公用品牌的引领作用。把区域特征明显、产业优势突出、具有文化内涵、市场影响力大的农产品区域公用品牌建设放在更加突出的位置，着力开发适合各地气候、土壤、水质条件的农产品，引领推动特色农产品由规模化生产向品牌化经营转变。建立农产品质量分级产销体系。以优质优价的质量分级为导向，加快推动农产品生产的技术标准与市场价格体系、市场交易体系的形成，加快建立政府支持下的特色农产品质量分级流通体系、信息发布制度、质量监管体系，确保优质优价的实现。

发挥多元结构地理优势，不断拓展食物耕作空间。"大食物观"要求在保护好生态环境的前提下，从耕地资源向整个国土资源拓展，宜粮则粮、宜经则经、宜牧则牧、宜渔则渔、宜林则林[1]，推进耕地农业向多功能农业和生态屏障并重转变，从而为

---

[1] 把提高农业综合生产能力放在更加突出的位置 在推动社会保障事业高质量发展上持续用力[N].人民日报,2022-03-07(1).

构建多元化食物供给体系指明了方向。发挥多元地理结构优势。向自然地理优势要特色，多途径开发特色食物产品，提升区域特色产品供给效率，优化供给结构，实现各类食物供求平衡，更好地满足人民群众日益多元化的食物消费需求。拓展食物来源空间。在保护生态环境、遵循自然规律的前提下，让食物耕作空间从耕地资源向全域国土资源拓展，既要向耕地要食物，加强耕地保护和高标准农田建设，保障粮食安全，也要向草地要食物，向森林要食物，向江河湖泊要食物，向设施农业要食物，形成全方位、立体式的食物耕作空间。开发生物科技食品。加强现代生物技术推广应用，立足传统农作物和畜禽资源，大力发展生物科技、生物产业，摆脱对食物的传统依赖，开发新型生物食品，向植物、动物和微生物要热量、要蛋白，探索人工合成食物的生产，全方位、多途径开发新型生物食品，构建面对未来的生物食品生产体系。

推动饮食引领从田间到餐桌的多业态融合。中国饮食是一条宏大的综合产业链，可以带动食材、调味品、酒、烟等诸多农产品消费，拓展农产品的市场空间。坚持"双循环"促进大消费。以双循环为指导，通过饮食消费推介乡村特色品牌农产品，推进乡村土菜出村带动农产品入城出海，带动饮食消费者消费乡村农产品。做大饮食全产业链。推进饮食产业标准化、规模化和品牌化，不断完善饮食供应链体系建设，大力建设饮食供应物流产业园。拓展饮食品种，开发乡村食材，促进饮食对接绿色田园，构建从田间到餐桌的流动平台。加强资源整合，深化产业融合，推动饮食原辅料、食材加工、旅游文化、"互联网＋"等产业链式发展，推进饮食产业转型升级，不断提高饮食产业的市场竞争力。强化饮食产业财政支持。政府有序引导全媒体推广推介饮食，做大饮食品牌；同时，加强财政对饮食基地建设和产业化的精准支持，支持创新饮食品牌培育机制，努力培养饮食工匠，开发特色饮食，打造饮食名店，不断培育壮大饮食品牌集群。

加快适应地理条件和消费结构的优良品种开发。鼓励科研院所和育种企业结合地理条件和消费结构，完善地域品种体系。研发一批新品种。整合优势种业科技资源，研发一批适应特色种植的优良品种，培育更多抗逆性强、产量高、品质优的地方品种，使其适应各地特有的自然地理气候特征，确保在装满"米袋子"的同时，"肉盘子""菜篮子""果盘子"协调供给。改良一批传统品种。利用现代生物技术手段，对传统食物品种进行改良提质，培育一批中、高端传统食物品种，以适应当前消费结构升级的需要。创新一批种质资源。利用种质资源丰富的优势，加大生物科技创新，发挥种业高地优势，创新一批适应南方丘陵地区的种质资源，培育一批现代生物新品种。

建立全产业链的社会化服务体系。通过建立专业化分工的农业社会化服务体系，将前沿的科技要素与现代装备全面应用于从田间到餐桌的全过程。加大农产品冷链物流设施建设力度。立足破解鲜活农产品季节性集中上市与全年度均衡消费的矛盾，加大冷链物流基础设施建设力度。加大政府财政支持，在企业用地、税收、设备购置上给予优惠，支持冷链物流社会化企业的发展，夯实农产品冷链物流的社会化服务基础。强化农产品生产的社会化服务。着力发展山地农业机械，培育农业机械社会化服务组织，推进全省农机化进程。提供农资配送服务，降低农资等物化投入成本；提供代耕代种、杀虫施肥、田间管理、代收烘干等生产全过程的社会化服务，用社会化服务的规模化推动农业发展的规模化。深化农产品营销的社会化服务。构建农产品市场交易网络平台，解决特色农产品生产、销售过程中涉及的市场和信息、中介组织和龙头企业、科技推广和应用、农产品加工与包装、市场检测与检疫等问题。支持电商、供销合作社、快递公司等进入乡村，建立农民销售农产品社会化服务平台。推进金融、保险、法律、会计等进入农产品社会化服务领域，建立完善的全产业链社会化服务体系。

总之，乡村振兴战略下的产业振兴，是中国现代化进程中农村发展的历史逻辑、现实逻辑、改革逻辑多重叠加的必然要求，必须将制度变革、结构优化和要素升级作为乡村产业发展的内生动力。需要以市场需求和质量要求为导向，准确把握市场需求的变化规律和品种、质量要求，使农业供给与市场需求有效对接成为乡村产业发展的基本逻辑。需要推动乡村的农业向专业化分工、社会化协作转变，以扩大社会化服务规模来弥补耕地规模的先天性局限，并提升小农户组织化程度。需要以制度供给为动力，坚持农民主体地位和充分发挥市场在资源配置中的决定性作用，破解农业供给与需求在结构和体制上的矛盾，畅通农业供需通道，激活市场活力、要素活力、主体活力①。

---

① 陈文胜.论乡村振兴与产业扶贫[J].农村经济,2019(9):1-8.

第五章 乡村文化振兴：铸魂赋能

随着新时代社会主要矛盾的变迁，城乡发展不平衡、乡村发展不充分表现在乡村文化方面，主要是乡村物质文明与精神文明发展不平衡，乡风文明建设不充分。可以认为，城乡差别不仅在于物质差别，更在于文化落差。习近平总书记强调，"乡村振兴，既要塑形，也要铸魂"①"不能光看农民口袋里票子有多少，更要看农民精神风貌怎么样"②。因为社会的物质生活水平达到一定程度，就必然要求以相应的文化引领社会发展。以全面现代化为新目标，中国社会进入新发展阶段，在乡村振兴全面推进的农业农村现代化进程中，不仅需要物质保障，更需要文化支撑。从中国式现代化的战略全局看，党的二十大报告明确提出文化强国的建设目标，而乡村文化振兴不仅是乡村振兴的价值引领和精神内核，更是文化强国与文化自信的基础工程和生动表达，是进入新发展阶段后面临的一个事关全面现代化的重大课题。

一、对乡村优秀传统文化怀敬畏之心

乡村是中国文明发展的根基，"中国的文化、法制、礼俗、

---

① 习近平.走中国特色社会主义乡村振兴道路[M]//中共中央党史和文献研究院.十九大以来重要文献选编:上.北京:中央文献出版社,2019:150.

② 郑晋鸣.冬日暖流 一路春风——踏着总书记徐州考察线路采访记[N].光明日报,2017-12-15(2).

工商业等，无不'从乡村而来，又为乡村而设'"①，在中国漫长的农耕文明时代，整个社会的"根"在乡村，"魂"在家乡②。习近平总书记明确指出，乡村文明是中华民族文明史的主体，耕读文明是我们的软实力③。党的十九大报告提出，要推动中华优秀传统文化创造性转化、创新性发展④。这不仅强调了要增强文化自信，传承中华民族优秀传统文化，还科学回答了乡村文化发展中"传承什么"与"谁来传承""怎么传承"等重大问题。孔子认为"礼失而求诸野"，意思是很多传统的礼节、道德、文化丢失在庙堂之上、市井之中，反而在乡下还能找到。也就是说，中华民族传统文化的根在乡村，乡村对传统文化道德的保存和守护强于城市⑤。

在工业化、城镇化进程中，乡村社会的农耕文明被视为落后的社会文明，首先受到城市文明的强势冲击，在占有主导地位的现代化价值观念的冲击下日益边缘化。乡村的衰落首先表现为乡土文化的衰落。随着"空心村"不断增多，传统文化的传承与保护面临巨大挑战。令人担忧的是，一些低俗的不良风气和消极思想趁虚而入在农村蔓延，不仅侵蚀乡村的优秀传统文化，使不少历史悠久的民歌逐渐失承，传统节日习俗逐渐消亡，还恶化了乡风民俗，导致一些地方的乡村被各种力量甚至是邪教力量所吸引，"黄、赌、毒"现象在一些地方的乡村时有发生。

一些地方政府"重经济、轻文化"的乡村发展思路，更使文

---

① 梁漱溟.乡村建设理论[M].上海:上海人民出版社,2016:10.

② 徐勇.乡村文化振兴与文化供给侧改革[J].东南学术,2018(5):132-137.

③ 习近平.在中央城镇化工作会议上的讲话[M]//中共中央文献研究室.十八大以来重要文献选编:上.北京:中央文献出版社,2014:605.

④ 习近平.决胜全面建成小康社会 夺取新时代中国特色社会主义伟大胜利[N].人民日报,2017-10-28(1).

⑤ 陈文胜.大国村庄的进路[M].长沙:湖南师范大学出版社,2020.

化发展受冷落而流于形式。文化建设既虚又实，虚是指文化建设不像经济建设那样立竿见影，通常需要经过多年耐心培育才有效果；实是指文化看似无形，但实际上可以发挥凝聚人心、塑造乡村共同体的强大功能①。长期以来，乡村发展更注重经济建设，忽视文化建设，有些地方即使重视文化建设，也只在乎文化遗存和文物开发的眼前利益，没有长远的文化发展战略规划。

中国是一个民族众多、幅员辽阔的国家，所谓"十里不同音，百里不同俗"，就是人文环境不同，生活方式和风俗习惯也各有不同，乡村文化因而具有鲜明的地域性、多元性和差异性特征，同时，乡村社会发展的滞后使乡村文化问题更加复杂。习近平总书记对此特别强调："要推动乡村振兴健康有序进行，规划先行、精准施策、分类推进，科学把握各地差异和特点，注重地域特色，体现乡土风情，特别要保护好传统村落、民族村寨、传统建筑，不搞一刀切，不搞统一模式，不搞层层加码，杜绝'形象工程'。"② 文化建设可以说是一个几十年甚至百年工程，不可能用几年时间"大跃进"一蹴而就，需要循序渐进。因此，乡风文明建设重在引导，使之成为农民的自觉行动，不能简单粗暴地用行政手段过度干预。

马克思认为："人们创造自己的历史，但是他们不是随心所欲地创造……而是在自己直接碰到的既定的、从过去继承下来的条件下创造。"③ 乡村民俗习惯是构成传统文化的重要内容，其

---

① 李珺.在全面推进乡村振兴中传承提升乡村文化[J].农村工作通讯,2021(1)：34-35.

② 习近平李克强王沪宁赵乐际韩正分别参加全国人大会议一些代表团审议[N].人民日报,2018-03-09(1).

③ 中共中央马克思恩格斯列宁斯大林著作编译局.马克思恩格斯选集：第1卷[M].北京：人民出版社,2012：669.

中，生祭婚丧节庆是农民作为普通老百姓在社会生活中的头等大事，不仅关乎一个家庭甚至一个家族的荣誉、面子，更是传承数千年的传统文化和乡村社会的精神家园。调研发现，一些地方以移风易俗的名义，不加区分地立下硬核规矩，不仅"一刀切"地规定婚丧酒席的具体桌数，还"一刀切"地规定只能吃几道菜以及哪几个菜等，引起了农民群众的普遍反感和排斥。

因此，要高度警惕把传统风俗习惯视为陈规陋习或封建迷信，不分青红皂白地移风易俗。习近平总书记就对此强调，"优秀传统文化是一个国家、一个民族传承和发展的根本，如果丢掉了，就割断了精神命脉"①。城乡只有地域与生活方式之别，绝无高低优劣之分，执意以工业和城市文化为取向，以移风易俗的名义改造甚至取代传统的乡村文化，在认识上是愚蠢的，在做法上可能是灾难性的。移风易俗要以尊重传统文化为前提，充分发挥乡村社会组织如红白喜事理事会等的自治劝导作用，对农民世世代代传承的民俗习惯要有最起码的敬畏之心②。

二、推进优秀农耕文明的时代化进程

改革开放以来，工业化、城镇化推动农民收入结构不断变革，使农民由农业向非农职业不断分化，导致乡村农民结构不断变革，从而加快乡村社会人口结构、家庭结构、人际结构等农业文明社会结构向工业文明跨越的社会结构根本性变迁③。一方面，根植于传统乡村社会生产、生活和交往方式的"乡土伦理"

---

① 习近平.努力实现传统文化创造性转化、创新性发展[M]//习近平谈治国理政：第2卷.北京：外文出版社，2017：313.

② 陈文胜.大国村庄的进路[M].长沙：湖南师范大学出版社，2020：200.

③ 陈文胜.城镇化进程中乡村社会结构的变迁[J].湖南师范大学社会科学学报，2020，49(2)：57-62.

逐渐退场；另一方面，根植于现代社会的乡村文化图景没有完全形成，乡村社会价值追求多样化与无序化并存，这无疑与中国工业化、城镇化推进城市文明与乡土文化互动带来的阵痛直接相关联。因此，如何传承发展提升农耕文明，探索推进乡土文化与现代文明有机对接的乡村文化兴盛之路，以破解乡村物质文明与精神文明发展不平衡、乡风文明建设不充分的矛盾，成为进入新发展阶段推进中国全面现代化的时代要求。

中国乡村的传统文化伴随着农耕文明的不断进步而演进，蕴含着社会文明演进过程中不断沉淀的最朴素文化和乡风民俗，成为中华民族的历史延续，是中华民族传统文明一个标志性文化载体。习近平总书记强调，"从中国特色的农事节气，到大道自然、天人合一的生态伦理；从各具特色的宅院村落，到巧夺天工的农业景观；从乡土气息的节庆活动，到丰富多彩的民间艺术；从耕读传家、父慈子孝的祖传家训，到邻里守望、诚信重礼的乡风民俗，等等，都是中华文化的鲜明标签，都承载着华夏文明生生不息的基因密码，彰显着中华民族的思想智慧和精神追求"①。乡土文化作为乡村社会特有的社会习惯和行为规范，体现着中国儒家文化"天人合一"的哲学观，仍然具有不因社会变迁而消失的时代价值。

推进乡村文化振兴，必须从传统文明中汲取智慧和力量。任何社会文明的发展都具有时代特点且不断演进，既要尊重传统乡土社会中符合时宜的元素，又要剔除其不符合时宜的成分，在与时代的对接中实现优秀传统与现代理念的有机融合，激活传统文明的精华。也就是说，乡村文化应"在保持自身传统和特质的基

---

① 习近平.走中国特色社会主义乡村振兴道路[M]//中共中央党史和文献研究院.习近平关于"三农"工作论述摘编.北京：中央文献出版社，2019：124.

础上，取其精华、弃其糟粕，将现代性因素融入到乡村文化之中，找到新的生长点，实现其从传统到现代的转型。以重塑的方式留住农耕文明，留住与农业生产生活相关的文化记忆和文化情感"①。乡村文化振兴需要与建立在理性、民主制度基础上的现代文明互动，加入新的时代元素，实现有机融合，才能收到事半功倍之效。正如费孝通所说，要"切实把中国文化里面好的东西提炼出来，应用到现实中去，在和西方世界保持接触、进行交流的过程中，把我们文化中好的东西讲清楚，使其变成世界性的东西，首先是本土化，然后是全球化"②。

在现代城市文明和工业文明的冲击下，迫切需要引导乡土文化与现代文明有机对接。一方面，要尊重传统的风俗习惯与乡规民约，传承乡村传统文明，继承优秀乡土文化，留住传统乡村文化中的"乡愁"。另一方面，要符合中国特色社会主义乡村振兴道路的制度框架和价值目标，不断融入现代文明，形成良好的现代法治观念作为现代乡村文化的内核，构建新的乡村社会共同体，推动乡村全面振兴与中国全面现代化的实现。习近平总书记对此强调，"要把保护传承和开发利用有机结合起来，把我国农耕文明优秀遗产和现代文明要素结合起来，赋予新的时代内涵，让中华优秀传统文化生生不息，让我国历史悠久的农耕文明在新时代展现其魅力和风采"③。

党的十九大报告把乡风文明作为乡村振兴战略的五大要求之一，2017 年年底召开的中央农村工作会议首次提出坚持走中国

---

① 吕宾.乡村振兴视域下乡村文化重塑的必要性、困境与路径[J].求实,2019(2)：97-108,112.

② 费孝通.费孝通九十新语[M].重庆：重庆出版社,2005：207-208.

③ 习近平.走中国特色社会主义乡村振兴道路[M]//中共中央党史和文献研究院.十九大以来重要文献选编：上.北京：中央文献出版社,2019：151.

特色社会主义乡村振兴道路，要求"传承发展提升农耕文明，走乡村文化兴盛之路"①。2018年3月，习近平总书记在参加十三届全国人大一次会议山东代表团审议时，进一步明确提出了乡村文化振兴的理念，强调要加强农村思想道德建设和公共文化建设，培育文明乡风、良好家风、淳朴民风②，繁荣兴盛乡村文化。因此，乡村文化振兴就成了中国特色社会主义乡村振兴道路的制度要求和价值目标。

三、乡村文化兴盛之路的基本途径

在乡村社会生活中，文化具有其他社会要素无法取代的作用，可以凝聚、整合、同化、规范社会群体的行为和心理③。在全面推进乡村振兴的进程中，发展乡村文化可以给农民带来最直接的精神生活福利，没有乡村文化的振兴就没有乡村之魂，没有"乡愁"的乡村难以成为农民心灵的归属，也难以构建具有高品质生活的农业农村现代化新发展格局。在新发展阶段，必须以新发展理念为引领，从突出农民主体地位、与社会主义核心价值观建设紧密结合、把制度建设作为净化乡村社会风气的治本之策等方面，探索乡村文化兴盛之路，从而赋能乡村振兴，不断提升广大农民的参与感、获得感、幸福感，形成乡村振兴的内生动力。

（一）突出农民在乡村文化发展中的主体地位

农民作为乡村文化振兴的承载者、受益者、衡量者，必然要

---

① 董峻,王立彬.中央农村工作会议在北京举行[N].人民日报,2017-12-30(1).

② 习近平李克强王沪宁赵乐际韩正分别参加全国人大会议一些代表团审议[N].人民日报,2018-03-09(1).

③ 黄平.乡土中国与文化自觉[M].北京:生活·读书·新知三联出版社,2007:188.

求以农民主体地位为立场，站在属于农民的乡村，聆听农民需要什么样的乡村文化生活。在"乡村文化振兴什么"与"乡村文化谁来振兴""乡村文化怎么振兴"的问题上，关键是如何把"以人民为中心"这一最具基础性、广泛性的新发展理念，落实到在实施乡村振兴战略中坚持农民主体地位的党中央要求上，只有做到这一点，才能激发农民的主体积极性并成为乡村文化振兴的内生动力，去创造真正属于农民的精神家园，让农民成为乡村文化振兴的真正主体①。

中国长期存在城乡二元结构，导致城乡之间发展差距很大，农民没有被作为"平等主体"的社会成员对待，无形之中形成了"乡村就是落后，城市就是先进"的社会心理，必然严重影响到乡村社会价值观念，对乡村文化的不自信必然导致对民族传统文化的不自信。习近平总书记反复强调，"文化自信，是更基础、更广泛、更深厚的自信，是更基本、更深沉、更持久的力量。坚定文化自信，是事关国运兴衰、事关文化安全、事关民族精神独立性的大问题"②。振兴乡村文化事关民族文化的自信，只有发动农民广泛参与，增强乡村文化主体的认同感，才能让乡村优秀的传统文化"活起来""活下去"，乡村的文化发展才能不断层③。

城乡发展不平衡，乡村发展不充分，受影响最大的群体是农民，使乡村文化振兴面临着乡村物质文明与精神文明发展不平衡、乡风文明建设不充分的矛盾，农民不仅有物质收入方面的困难，精神层面面临的困境也尤为突出。虽然农民的人均物质消费

---

①　陈文胜.农民在乡村振兴中的主体地位何以实现[J].中国乡村发现,2018(5)：48-51.

②　习近平.坚定文化自信,建设社会主义文化强国[J].求是,2019(12):4-12.

③　高瑞琴,朱启臻.何以为根：乡村文化的价值意蕴与振兴路径——基于《把根留住》一书的思考[J].中国农业大学学报(社会科学版),2019,36(3):103-110.

能力没有跟上城市居民的水平，但一样承受着"消费主义理念的广告狂轰滥炸"。在精神层面上，农民的乡村文化生活受城市文化生活主导，乡村传统的价值观念被城市文明的工商文明颠覆，导致乡村生活价值意义沦陷。

走乡村文化兴盛之路就必须与农民同呼吸、共命运、心连心，将人民至上理念贯穿始终，必须坚持农民的主体地位和以人民为中心，给农民以充分的话语权、自主权，实现乡村文化由农民创造又为农民所需要，让农民群众真正成为乡村文化振兴的创造者、参与者、受益者，才能让积淀深厚的乡村文化不再断层，真正留住一方乡愁，成为乡村文化振兴的源头活水。因此，在乡村文化振兴中，基层政府只可提供指导性意见，着力解决农民眼下最关心的问题，突出农民的主体地位，让农民唱主角，全方位鼓励农民大胆实践创造，增强农民的文化主体意识，发挥农民的主观能动性，让农民真正自信起来。有尊严的农民才有可能建立幸福与富强的乡村，才有可能真正实现农业农村现代化，才有可能建立幸福与富强的中国。

（二）与社会主义核心价值观建设紧密结合

新发展理念不仅是社会主义核心价值观在发展观上的集中体现和反映，还决定了新发展阶段社会变革的路径选择，为乡村文化振兴提供了基本的价值遵循。乡风文明建设是以文化为核心的乡村精神家园建设，在中国特色社会主义乡村振兴道路的制度框架和价值目标下，是围绕社会主义核心价值观进行的精神文明建设。习近平总书记指出，一种价值观要真正发挥作用，必须融入社会生活，让人们在实践中感知它、领悟它。要注意把我们所提倡的与人们日常生活紧密联系起来，在落细、落小、落实上下功夫。要使社会主义核心价值观的影响像空气一样无所不在、无时不有，成为百姓日用而不觉的行为准则①。也就是说，要把社会主义核心价值观的理论逻辑转化为乡村文化振兴中的行动逻辑，做到知行合一。

核心价值观应以一种润物细无声的方式、一个综合完备的体系传播，而不是立几张简单的标牌、编几句广播宣传语就可以做到的。现在谈到乡村文化建设，人们往往会想到建设一批文化小广场、小长廊等，在其中植入以社会主义核心价值观为主要内容的文化要素，毫无疑问，这些标识、标语确实有助于形成良好的宣传效果，让大街小巷的农民都能看到，但实际上这种表面上的文化建设很难对乡村社会生活产生较深层次的实际影响。

要让核心价值观的理念自然而然地融入农民日常的生产生活，不是被迫学习，而是主动靠近；要改变核心价值观在乡村的传播途径与方法，在充分了解把握农民的心理、行为习惯、思维模式、现有价值观念的基础上，采取适应乡村特点的各种有效形式，激发农村传统文化活力，不断丰富公共文化产品供给；发动农民积极参与"文明村""文明户"等文明创建活动，树正压邪，形成风清气正、向善向上的舆论导向，将社会主义核心价值观的价值体系与行动体系结合起来，发动群众积极参与和全程监督，敢于与歪风邪气进行斗争，让不良风气失去根基，使社会主义核心价值观的大主题在乡村文明创建与评议的小活动中落地生根②。

（三）把制度建设作为净化乡村社会风气的治本之策

持续推进乡村治理体系和治理能力现代化，这是进入新发展

①　中共中央宣传部. 习近平新时代中国特色社会主义思想学习纲要[M].北京:学习出版社,2019:144-145.

②　陈文胜.以"三治"完善乡村治理[N].人民日报,2018-03-02(5).

阶段的时代要求，也是高质量发展的要求。在中国特色社会主义乡村振兴道路的制度框架和价值目标下，坚持高效能治理的新发展理念，按照构建农业农村现代化新发展格局的战略目标，乡村社会的现代秩序必然以法治秩序为根本要求，以正式制度中的法律为规范乡村所有主体行为的准绳，用现代的法治文明整合与规范乡村的制度体系，从而形成利益共享的现代乡村制度文化和治理结构。只有发挥法治文明的整合和规范作用，才能从根本上引领和保障乡村振兴的价值目标在乡村社会的实现，从而确保中国特色社会主义乡村振兴道路的制度文化在乡村社会的建立和维护。

费孝通在《乡土中国》中指出，"乡土社会是礼治社会"，礼治并非靠一个国家的正式权力来推行[1]，维持礼治秩序主要依赖乡土社会中非正式制度的文化整合力量。随着现代化的快速推进，乡村处于市场经济浪潮之中，每个人面对的都是商品社会，礼治秩序再也无法应对"一个被陌生人统治的世界"，只有发挥正式制度的约束力，才能保障乡村社会公共秩序的存在，这就意味着所有乡村社会活动都生存在正式制度建立的现代秩序之中。

因此，在全面推进乡村振兴的进程中建立自治、法治、德治相结合的乡村治理体系，必须把乡风文明纳入制度建设轨道，通过制度建设来规范和保障乡风文明建设，使以规立德成为净化乡村社会风气的治本之策。不仅要使敬畏法律、信仰法律、尊重司法成为乡村社会文化价值观念的基本取向，还要在遵循和整合乡村传统文化的基础上，强化村规民约对乡村的文化引领和价值认同，使乡村社会不文明行为得到有效约束，让

---

① 费孝通.乡土中国[M].北京:人民出版社,2015:58-65.

文明乡风和良好家风蔚然成风，推动乡村社会自我教化，形成良好的村风民俗①。

四、乡村文化振兴实践探索的县域案例

为突出乡村文化振兴在乡村振兴中的引领作用，湖南省安化县紧紧围绕时代要求，充分挖掘安化特色文化内涵，正确处理乡村文化传承与提升的关系，积极探索以文化振兴推进县域乡村振兴的发展新路径②。

（一）推进乡村文化振兴的安化县经验

安化为古梅山之域，有近千年历史，人文底蕴厚重，文化源远流长。在推进脱贫攻坚与乡村振兴有效衔接中，安化着眼于明方向、激活力、聚人心，把乡村文化振兴摆在突出位置来抓，着力做好"传承什么、提升什么、建设什么、赋能什么、实现什么"5篇文章，以敬畏优秀传统文化为前提，以回应时代要求为根本，以与各地乡村发展实际相适应为关键，以提升经济社会发展软实力为重点，初步形成了风清气正的社会和谐局面。

1. 传承什么：以敬畏优秀传统文化为前提。 作为梅山文化的发祥地与核心区域，安化县始终强调必须传承乡村优秀传统文化，守护中华民族的根脉，特别将安化县梅山文化的保护与传承工作提到了前所未有的高度。通过实施旨在推动梅山文化产业发展的"七个一"工程，打造了梅山文化系列丛书、"梅山茶韵"特色小戏、"梅王宴"、梅山文化展示中心、梅山民俗文化博物馆等，不仅有效保护和传承了具有安化特色的传统民居、具有少数

---

① 陈文胜. 实施乡村振兴战略走城乡融合发展之路[J]. 求是,2018(6):54-56.

② 笔者按照中共湖南省委宣传部的安排到安化县调研,相关资料由安化县委、县政府及相关部门提供。

民族特色的村寨等物质文化载体，如东坪、江南、小淹、羊角、烟溪、南金等乡镇有许多保存较好的传统村落还保存了很多梅山文化独特的宗教习俗、风俗民情、手工技艺，如安化千两茶制作技艺、梅山传说、江南傩戏、清塘山歌等一大批非物质文化遗产，其中，梅山剪纸入选国家级非物质文化遗产名录，安化黑茶文化系统入选中国重要农业文化遗产名单。以敬畏优秀传统文化为前提，让乡土文化能够真正"留得住""传下去"，已经成为安化县推进乡村文化振兴的重要遵循。

2. 提升什么：以回应时代要求为根本。任何社会文明的发展都会具有时代特点且不断演进，乡村优秀传统文化的生命力就在于创新。安化县域内一些传统手工艺产品、非遗产品等加入现代创意设计、科技手段和时尚元素，提升了手工艺发展水平，逐步培育形成具有民族特色、地域特色的传统工艺产品和品牌，如开发了一系列以"梅山文脉""梅山剪纸""张五郎塑像"为主打品牌的富有传统文化底蕴、与生产生活紧密相关、面向游客的文创产品。

讲究沉淀出精品、慢工出细活的黑茶产业，如今也引进自动化生产线和智能机器人，在坚守传统工艺的基础上，不断提升黑茶产品的清洁度和产品质量标准。在传承传统美食方面，坚持以梅山美食"梅王宴"为龙头品牌，推动餐饮业转型升级，发掘"梅山十八碗"等传统美食文化，融入现代消费理念，探索开展现代化经营模式。安化县黄沙坪小学还将茶艺、剪纸等传统文化引入课后服务内容，通过茶艺表演、采茶歌排演、建设剪纸艺术长廊等方式学习传统礼仪，使孩子们感受传统文化在新时代焕发的魅力。以回应时代要求为根本，在形式和内容上不断与时俱进，激活乡土传统文化的精华，让安化的乡土文化能够真正"活起来"，已经成为安化县推进乡村文化振兴的根本宗旨。

　　3. 建设什么：与各地乡村发展实际相适应为关键。安化作为湖南省面积第三大的县，有汉族、土家族、苗族、蒙古族等26个民族，所谓"十里不同音，百里不同俗"，乡村文化具有鲜明的地域性、多元性和差异性特征，因此乡村文化建设特别注重同各地乡村发展实际相适应。

　　因地制宜推进乡村文化阵地建设。安化县结合实际，整合资源，大力推进新时代文明实践中心建设；新建、改扩建一批公共文化设施，推进基层公共文化服务阵地"门前十小"示范工程建设，建设适应农民需求的"15分钟文化圈"，基本建成覆盖城乡、便捷高效的三级公共文化服务体系。

　　立足实际开展精神文明创建。如田庄乡白沙溪村通过开设"党员群众讲习所"，组织"清洁家园行动""推进乡风文明建设"等活动，形成人人参与创建、户户参与评选、组组都有"标杆"的良好氛围。

　　尊重当地习俗，推动移风易俗。利用山歌、戏曲等安化当地民俗文化，把乡村振兴等理论宣讲内容编成小故事、顺口溜、小剧目，让农民喜闻乐见，易于接受；突出村规民约的观念引导和行为约束作用，因地制宜制定切实可行的奖励激励机制，不实行"一刀切"的硬性规定。如江南镇高城村根据群众意愿制定村规民约，制作了婚丧喜庆事宜专项登记表，并成立16人自治小组，如今，村民基本做到了丧事简办、婚事新办、其他喜庆事宜不办。

　　4. 赋能什么：以提升经济社会发展软实力为重点。推进乡村文化振兴是一个文化问题，但不是一个单纯的文化问题。安化县以提升经济社会发展软实力为重点，充分发挥文化赋能作用，刻在安化人骨子里的文化基因，反映在安化农业农村现代化建设的方方面面，为乡村全面振兴提供了强大的动力支持。

赋能产业振兴。安化县坚持文化引领与产业支撑相结合，充分发挥梅山文化和黑茶文化等优秀传统文化在聚集产业意愿、整合产业资源、促进产业融合、拓宽产业边界、拉长产业链条、加速产业转型、提升产业价值等方面的示范带动作用，多次举办红色文化旅游节、安化黑茶文化节、湖南省（春季）乡村文化旅游节等节会，特色农林、民俗文化体验和研学品牌常年吸引游客近600万人次，将文化融入产业，培育了较强的乡村振兴文化产业支柱，实现经济效益与文化效益双赢。

赋能人才振兴。安化素有耕读传家、育才兴学的传统，通过培育崇文重教、回报桑梓的新乡贤文化，讲好乡贤故事，一批安化籍人士回乡创业、反哺故园，助推安化经济社会发展和乡村振兴。

赋能生态振兴。将安化的地域特色、民俗风情与农村人居环境整治有机结合，实现从"村容整洁、环境优美"到"各具特色、各美其美"，打造了一批"美丽乡村""美丽屋场""山乡风情"农村人居环境特色示范区。如小淹镇在打造大湾、永正两个"美丽屋场"的过程中，始终保持周边山水田园风貌，融入乡村产业特点与地方文化特色，不搞大拆大建，打造了小古井、乡村道路景观带、花草苗木景观、墙绘壁画等小微景观。

赋能组织振兴。突出党建引领，加强党支部建设，加大在优秀青年农民中发展党员的力度，结合安化历史开设"毛泽东与安化"等系列党课；同时培育自治文化，提升农民群众自我管理、自我服务水平。

5. 实现什么：以形成风清气正的社会和谐局面为目的。乡村振兴，文化先行。但是"润物细无声"的乡村文化振兴只是手段，不是目的，安化县以推进乡村文化振兴为引领，深入挖掘优秀传统农耕文化蕴含的思想观念、人文精神、道德规范，大力加强农村思想道德建设和公共文化建设，使文化成为推动乡村经济社会发展的核心竞争力，最终目的是培育文明乡风、良好家风、淳朴民风，形成风清气正的社会和谐局面，从而提高乡村社会整体文明程度，实现农村、农业、农民的现代化，焕发乡村文明新气象。

如龙塘镇沙田溪村把乡风文明建设作为一项重点工作来抓，相继启动村规民约、红白理事会章程、道德积分超市实施办法的制定和修订，建立村民自我管理和自我教育机制，文化建设与乡村治理相辅相成，勾勒出一幅村庄文明、生活幸福的乡村振兴新画卷。冷市镇大苍村不断完善自治、法治、德治相融合的基层社会治理格局，引导全村群众逐步建立科学健康、向上向善的新时代文明生活方式，基本实现了"小事不出村，矛盾不上交"，秩序井然，邻里和谐，村民安居乐业。

（二）推进乡村文化振兴的安化县启示

为强化对风土人情与民俗习惯的尊重，突出农民在乡村文化发展中的主体地位，安化县积极探索推进乡土文化与现代文明有机对接的乡村文化振兴之路。安化县推进乡村文化振兴的实践探索具有重要的实践价值和理论启示。

1. 先立后破，把握好乡村文化传承和提升的关系。安化县推进乡村文化振兴的实践探索最成功的一点，在于始终坚持把保护传承和开发利用有机结合起来，较好地统筹优秀传统乡土文化保护传承和创新发展之间的关系。同时，安化县在推进乡村文化振兴的过程中，不局限于文化传承层面的表象复古临摹，而是依托原生态的文化物质资源，尝试挖掘传统乡村文化中一些重要仪式、场合的核心含义，如梅山文化体现着"天人合一""万物有灵""善待自然""自强不息"的哲学观，梅山百匠村的匠人们对职业的信仰与追求，乡村传统婚丧嫁娶仪式体现的神圣感与对祖先、生命的尊重等，至今仍然具有不因社会变迁而消失的时代价值。

安化县推进乡村文化振兴的实践探索说明，传承是前提，提升是方向，要先立后破，不能未立先破。既要反对抛开传承的移风易俗，使乡村文化振兴成为无源之水、无本之木，使乡村成为文化荒漠；也要反对抛开赋予新时代内涵的提升而盲目复古，导致低俗的不良风气和消极思想乘虚而入，恶化了村风民俗。

2. 为了农民，突出农民在乡村文化发展中的主体地位。乡村文化是千百年来以农民为主体创造、传承、积淀下来的文化。安化县推进乡村文化振兴坚持为了农民，始终把农民需要放在第一位，以农民主体地位为立场、站在属于农民的乡村，去聆听农民需要什么样的乡村文化生活；坚持依靠农民，从 2018 年起，连续 5 年成功举办"百姓春晚"等各类群众活动 200 多场，观众近 100 万人次；坚持造福农民，文化设施免费向群众开放，农民体育健身工程覆盖率达 100％，全县人均文化体育设施面积达 2.5 平方米。

安化县推进乡村文化振兴的实践探索说明，乡村文化振兴必须充分尊重农民意愿，建立权责明晰、科学有效的利益联结机制，让农民唱主角，切实调动农民参与文化建设的积极性、主动性、创造性，让农民真正自信起来。要推进让农民享有更多文化发展成果的行动，大力推进规划、教育、医疗、产业下乡，着力全民共享，让每位农民都能享有更好的教育、更满意的收入、更高水平的医疗卫生服务、更舒适的居住条件、更丰富的精神文化生活，真正创造高品质生活。

3. 循序渐进，乡村文化振兴与区域经济发展水平相适应。
乡村文化振兴是一项百年工程，是由传统向现代全面转型的复杂
工程和长期任务，需要相当长时间才能完成，虽然十分紧迫，但
要有足够的耐心，不可能用几年时间"大跃进"一蹴而就，需要
循序渐进。安化县在推进乡村文化振兴的过程中，没有不顾各地
实际情况搞强迫命令或"一刀切"，而是与当地经济社会发展水
平和文化传统相适应，充分尊重当地习俗和农民群众的习惯和接
受程度，分阶段、分地区加以推进。

安化县推进乡村文化振兴的实践探索说明，在我国仍处于社
会主义初级阶段，而且各地区发展的基础和条件不尽相同的条件
下，文化振兴不可能以同一个速度推进、有整齐划一的统一标
准，不能急于求成，欲速则不达。

综上所述，使中华文明传承 5 000 年而不断的，是建立在中
国乡村社会文化传统之上的家国情怀。正是由于中国几千年来通
过乡村民俗习惯把血缘密码与对宗族、民族、国家的归属感连在
一起，形成祖源认同与民族认同合而为一的家国情怀，故情系故
土，小而思乡，大而思国，为巩固中华民族共同心理归属与命运
共同体奠定了坚实的基础。当今世界正经历百年未有之大变局，
更需要用大历史观来审视中国乡土文化的传承与发展问题，只有
深刻地理解中华民族的根在乡村，才能更好地在全面推进乡村振
兴的进程中把握乡村文化振兴的目标与方向。

站在开启全面建设社会主义现代化国家新征程的历史拐点，
一方面是全球人口大国的工业化、城镇化和信息化，另一方面是
由农业中国向工业中国、由乡村中国向城镇中国的现代转型，这
构成了传承发展提升农耕文明、走乡村文化兴盛之路的双重语
境。因此，推进乡村文化振兴，不仅要用中国特色社会主义乡村

振兴道路的制度框架和价值目标统领乡村的文化建设，让现代文明融入乡村的日常生活，发挥对乡村文化的引领作用，还要包容乡土文化的区域差异性和发展多元性，从而顺应乡村文化的演进规律，传承乡土地方本色，彰显中华民族风格。

第六章 乡村风貌提升：关键抓手

　　农村美不美，与农业强不强、农民富不富同为乡村振兴的3道必答题，关乎亿万农民的获得感、幸福感、安全感，决定着全面现代化的质量。如何实现人与自然和谐共处的农业农村现代化，绘出各具特色的现代版"富春山居图"，让农村成为宜居宜业的美丽家园？习近平总书记提出，要注重地域特色，尊重文化差异，以多样化为美，不要搞大拆大建，防止乡村景观城市化、西洋化，要多听农民呼声，多从农民角度思考，把挖掘原生态村居风貌和引入现代元素结合起来①。因此，在全面推进乡村振兴中，要遵循乡村自身发展规律，充分体现乡村特点和乡土味道，才能建设留得住青山绿水、记得住乡愁的美丽乡村。

一、"有新房无新村、有新村无新貌"现象突出

　　与自然高度协调的历史悠久的村庄和民居，是各地地理环境特点、气候条件、生活习惯、风土人情、文化审美在物质环境和空间形态上实现天人合一的"活化石"，充满了乡村社会演进与历史文化传统的烟火气息。随着现代化快速推进，城市生活方式席卷乡村，村庄风貌与房屋逐渐因照搬城市砖瓦和水泥结构而"洋化"，多样化的"地方性"被标准化的"现代性"取代。尽管农村

---

　　① 习近平.加强和改善党对"三农"工作的领导[M]//论"三农"工作.北京:中央文献出版社,2022:265-266.

危房改造力度不断加大，但"有新房无新村、有新村无新貌"现象依然突出，是全面推进乡村振兴需要高度重视的现实问题。

1. 村村现代化，却是复制"城市化"。 乡村建设要遵循乡村自身的发展规律，就是要体现乡村特点，有效发挥相对于工业和城市的优势，以补农业农村短板。习近平总书记就特别提出，要注意乡土味道，保留乡村风貌，留住田园乡愁①，强调不要把乡情美景都弄没了，不要把乡村传统文化都搞丢了。受长期以来实行工业化、城镇化优先发展战略带来的城乡二元的消极影响，乡村成了落后的代名词。因此，在村庄规划与建设中，有不少人认为农村现代化的过程就是农村生活方式向城市生活方式转变、农民向市民转变的过程，就是按照"农村变城市""农民变市民""村庄变社区"的理念，将城市建设简单地复制到乡村。

有不少地方编制实施了整村大拆大建的"农村现代化"乡村发展规划，各类村庄传统建筑、文化遗址遗迹缺乏有效保护，很多承载村庄记忆的文化元素被破坏。调研发现，一些地方盲目建设村广场、文体设施，乡村房舍、乡村道路设施普遍向城镇看齐，用城市绿化办法绿化村庄，不种庄稼种名贵花木，以城市的"阳春白雪"全面颠覆乡土的"下里巴人"，造成"走过一村又一村，村村像城市"的发展怪状，使乡村失去了乡土特色，又偏离了适应农业生产生活的需要。

2. 村村有变化，却是处处皆一貌。 中国幅员辽阔，受地理位置、资源禀赋、文化基因、政策取向等多方面原因影响，出现不同区域处于不同历史发展进程的复杂差异性②。因此，必须根

---

① 加大推进新形势下农村改革力度 促进农业基础稳固农民安居乐业[N].人民日报,2016-04-29(1).

② 陈文胜,李珊珊.论新发展阶段全面推进乡村振兴[J].贵州社会科学,2022(1):160-168.

据各地差异和特点，突出地域特色与乡土风情。习近平总书记对此要求，不搞"一刀切"，不搞统一模式，不搞层层加码，杜绝"形象工程"[①]。

自改革开放以来，随着经济社会的快速发展，水、电、路等农村基础设施与人居环境持续改善，特别是实施乡村振兴战略以来，政府把农村人居环境整治作为重要民生工程来抓，实现了从"蜗居"到"宜居"的重大转变。农村居民人均住房建筑面积从1978年的8.1平方米增长到了2018年的47.3平方米[②]，绝大多数农民住上了新房，农民群众的环境卫生观念不断进步，乡村基本实现干净、整洁、有序，从根本上扭转了农村长期以来存在的脏乱差局面，乡村整体面貌发生了百年巨变。

但调研发现，虽然乡村面貌发生了变化，但地域特色与乡村风貌仍不明显。如一些地方的村庄统一刷成白墙或红墙，千篇一律"穿衣戴帽"导致外形雷同，或者被几何造型的钢筋混凝土建筑取代。不少地区在村庄整治中，注重整齐的村貌建设和统一的硬化、亮化、美化，盲目模仿，内容趋同。尤其是蜂拥而起的休闲农业、乡村旅游，大多缺乏对乡村内在特色的挖掘，千篇一律，缺乏地域文化个性。除了偏远山区、少数民族地区还保留不少地域特色和民族特色外，很多村庄尤其是经济发达地区和城市周边的乡村已经越来越缺乏地域特色，南北一个调，东西一个样，没有了历史记忆、文化脉络、地域风貌、民族特点，出现城不城、乡不乡，"千村一面"的问题。

---

① 习近平李克强王沪宁赵乐际韩正分别参加全国人大会议一些代表团审议[N].人民日报,2018-03-09(1).

② 赵展慧.托起两亿人的安居梦[N].人民日报,2019-08-17(1).

二、提升乡村风貌的乡村建设受软约束严重

在推进农村人居环境整治的乡村建设行动中，农村基础设施与公共服务不断改善，硬约束成为广泛共识并逐渐得到缓解，而乡村工匠短缺与村庄无序建设等短板却未能引起高度重视。

1. 与城市建筑人才过剩相对的是乡村工匠严重短缺。 过去城市房地产行业利润高，导致建筑类人才培养都以服务城市房地产开发为导向，随着城市住房逐步进入存量时代，城市房地产开发增量逐渐下降，城市建筑人才呈现供大于求的局面。乡村建筑工匠则日益短缺，不仅培养的新生代建筑人才以城市建筑人才为主，而且老一批乡村建筑工匠在逐渐退出一线，即使是从事乡村建筑行业的中青年专业人员，从学习环境到知识体系都以现代城市文明为导向，哪怕是土生土长的乡村建筑人才，接受的教育知识体系也几乎是城市教育的复制，不仅缺乏对乡土元素的知识，更缺乏对乡土文化传统艺术的根本认同，导致乡村建筑工匠出现断层。调研发现，不少村庄的空巢老人和留守儿童居住的房屋漏雨，方圆百里之内却无维修房屋的"瓦匠"可请。

2. 与用地强化管控相对的是村庄无序建设且布局凌乱。 中共中央、国务院发布的《关于建立健全城乡融合发展体制机制和政策体系的意见》中提出，鼓励乡村建筑文化传承创新，强化村庄建筑风貌规划管控①。为守住耕地红线和生态红线，地方各级政府全面强化了对农民建房用地面积、土地用途和生态红线等方面的有效管控，开展了农村乱占耕地建房问题专项整治行动，遏制农村乱占耕地建房成效明显。

---

① 中共中央国务院关于建立健全城乡融合发展体制机制和政策体系的意见[N].人民日报，2019-05-06(1).

但调研发现，地方政府更注重对农民建房用地面积、土地用途和生态红线等方面的管控，在用地管理中只明确了农民建房的面积、楼层的统一标准，没有建立村庄风貌、民居布局、建筑高度、房屋设计与风格等方面的整体引导和管控机制，农户随意选址的现象比较突出。绝大部分村庄缺乏对空间布局、住房建设用地的统筹安排，导致生产经营用地、公共基础设施用地、农民住房建设用地分布散乱，一些路旁、水旁的建筑拥挤不堪。乡村如何发展、如何管理没有广泛征集农民的意见和诉求，农民的真实意愿没有得到有效尊重，使农民自己的家园"被做主"，这就偏离了乡村建设为农民而建的政策预期目标，也是导致村庄无序建设的一个关键原因。

三、建设现代版"富春山居图"和美乡村的着力点

中国地域复杂，具有人口众多和少数民族多的特点，乡村风貌有鲜明的地域差异和民族差异，有各具特色的山水自然禀赋。推进乡村建设，需要在村庄规划布局、民居风貌引导、乡村工匠培养等方面着力，形成具有不同人文特点、不同乡土味道的乡村风貌，为打造现代"富春山居图"提供支撑。

1. 面向全面现代化进行村庄规划布局。习近平总书记指出，要科学把握乡村的差异性，因村制宜，精准施策[①]。因为每个村庄的发展条件、发展基础和发展前景都不一样，村庄规划要贴近实际，要根据村庄区位条件、资源禀赋等科学研判村庄未来人口流向，根据村庄人口流向对产业项目、基础设施和公共服务设施等配套项目进行科学布局，脱离实际情况的规划是无法落地的空

---

① 习近平.把乡村振兴战略作为新时代"三农"工作总抓手[J].求是,2019(11):4-10.

中楼阁。同时，要尊重农民意愿，吸引农民和乡贤参与村庄规划编制，编制出来的规划要让农民看得懂。

乡村正处在一个剧烈变化的时代，在城镇化推进的过程中，农民数量减少和一些农村的消亡是发展的必然结果。实施乡村建设行动，需要面向全面现代化的战略布局，建立一个立体坐标进行战略定位。在历史发展进程中审视自身的发展阶段与水平，回应"从何处来"的问题，从历史发展的逻辑中认清发展方位，确定发展主题和发展主线；在资源禀赋与区位的现实中研判自身的发展优势与特色，回应"现在何处"的问题，对集聚提升类、城郊融合类、特色保护类、搬迁撤并类等不同类型的乡村，根据不同的资源禀赋与不同的区位条件，确定不同的发展模式、不同的发展方向和不同的发展目标；在区域与社会发展的总体趋势中把握自身发展目标与方向，回应"向何处去"的问题，从国家战略层面与区域一体化层面把现实与趋势相结合，综合研判发展空间和着力点；在农业农村现代化的进程中确定自身的发展任务与步骤，回应"怎么去"的问题，从而明确各个时期的任务，制定战略步骤，以此进行统筹规划，顺应乡村自身的发展规律，确保乡村振兴顺利推进。

2. 突出村庄风貌和民居特色的引导和管控。要突出地域人文元素与风土人情，把保护乡村自然风貌和挖掘人文资源作为人居环境与村容村貌提升工作的重要内容[①]，把传统乡村建筑艺术融入向村民提供的房屋设计与建筑技术标准，倡导打造节约成本、生态环保和具有乡土气息的乡村公共空间，实现保护乡村特色风貌与传承历史脉络、优化乡村环境的有机结合，全面建立引

---

① 奉清清.全面推进乡村振兴的底线、主线与重点任务——访湖南师范大学中国乡村振兴研究院院长、省委农村工作领导小组三农工作专家组组长陈文胜[N].湖南日报，2022-02-24(6).

导和管控机制。

县级政府要全面推广乡村住房建筑设计平面图集。县级政府要围绕屋顶、山墙、墙体、门窗、勒脚、色彩、材质7个要素，以符合村庄与村民的实际需要为前提，明确村庄风貌和民居特色的管控目标，编制免费的可向农民提供多种选择的乡村住房建筑设计平面图集，作为对农民新建、改建和维修房屋的基本要求，作为村民办理土地使用证及规划许可证、房屋所有权证的前提条件，作为建房日常巡查、竣工验收的建筑风貌管控依据。

县级政府要全面推进村庄风貌和民居特色的示范屋场建设。示范屋场是一面旗帜，只有集中力量把示范屋场打造好，才能以点带面，纵深推进，对整个村庄乃至整个县域起示范带动作用。由基层政府选择群众基础好、用地条件优、干部积极性高的村庄进行试点示范，建设规模适度、集中布局、设施完备、风格统一的特色示范屋场，完善示范屋场的基础设施和公共服务设施，调动村民的积极性，引导农户新建住房时主动集中、统一风格，以探索有效实现路径和实现形式，夯实乡村主体责任、突出农民主体作用、激活社会主体活力，以点带面发挥示范、突破、带动作用，推动由量变到质变，逐步形成各具特色的乡村地域风貌。

3. 制定培养乡村建筑工匠的全方位支持政策。 乡村工匠既是村庄建设者，也是美丽乡村的受益者，绘就美丽乡村的画卷，离不开乡村建设工匠的助力。要加强政策扶持引导，重点培养服务乡村建筑的设计、管理和施工人员；依托特色传统村落，开展与古建筑、美丽乡村建设相关的教育培训，培育和壮大乡村建筑工匠队伍；支持乡村建筑工匠参与以人居环境整治、生态环境综合治理等为重点的乡村建设行动，推动建设美丽宜居村、新型特色村镇。

开展乡村建筑工匠定向培养。参照乡村教师、乡村医生等定向人才培养的模式，选择职业院校定向招收、培养乡村建筑工匠，推动职业院校、技工院校、培训机构深入农村地区开展校地合作，支持由职业院校、技工院校、企业、新型农业经营主体、农村合作社等共建乡村建筑工匠培养联盟，结合农村发展实际创新校企合作模式，在培养方案制定、师资组建、课程开发、实操实训、考核评价等乡村建筑工匠培养全过程开展紧密合作，提高乡村建筑工匠培养的针对性和实效性。定期组织开展乡村建筑工匠继续教育培训。通过政府购买服务等方式委托当地中等城乡职业技术学校、行业协会、高等院校或其他有资质的培训机构展开培训，以政策与图纸解读为抓手，理论与实践相结合，确保乡村建筑工匠继续教育培训取得成效。

建立乡村建筑工匠激励机制。设立乡村建筑工匠职业资格，对考取乡村建筑工匠职业资格的人才予以奖励；探索设立乡村建筑工匠等级，推动成立建筑工匠协会，公布建筑工匠名录，建立建筑工匠技术等级评价制度，对乡村建筑工匠职业技能等级提升者予以奖励；开展乡村建筑工匠技能竞赛，对取得优良成绩的乡村建筑工匠予以奖励。

4. 构建强化乡土元素和地域特色的工作机制。乡土元素和地域特色具有差异性和多元性，所蕴含的文化与魅力不仅体现在自然环境方面，更体现在地域人文元素方面，建立在不同地缘、血缘基础上的民居、族谱、祠堂、祖坟、古树、牌坊、石碑、石桥、村道等乡土元素，构成了各个村庄独有且无法逆转的历史记忆，形成各具特色的村庄符号[1]，让村庄肌理富有质感，让乡村灵魂更加饱满。

---

① 奉清清.全面推进乡村振兴的底线、主线与重点任务——访湖南师范大学中国乡村振兴研究院院长、省委农村工作领导小组三农工作专家组组长陈文胜[N].湖南日报，2022-02-24(6).

第六章　乡村风貌提升：关键抓手

长期以来，乡村民居建设过程中缺乏强有力的约束机制，导致乡村民居建筑风格杂乱无章，推进地域特色民居建设必须强化对地方政府的考核，同时强化对农户的约束。因此，应将强化乡土元素和地域特色作为乡村建设行动的主攻方向，加强对乡村传统建筑、古树、古桥、古井等的保护与修缮，将保护乡村自然风貌与地域特色文化标识纳入村规民约，突出对乡村自然风貌与地域特色文化标识的保护，使乡村成为延续中华文化与历史文脉的有效载体。

建立县级人民政府乡村民居增量建设考核机制。重点是将县级人民政府在村庄规划编制、乡村民居地域特色元素提取、乡村民居建设风格管控等方面的增量要求，作为乡村建设行动的重点内容纳入乡村振兴实绩考核，加强对农房建设管控、乡村风貌提升工作的跟踪指导和督促检查，按要求适时上报进展情况。建立定期通报、函询约谈、追究问责等制度机制，对成效显著的县、市、区予以通报表扬，并给予一定的奖励，对管控不力的县、市、区进行通报批评，并约谈分管县、市、区领导。

建立乡村民居建设的农户约束机制。明确村民需要严格遵守的乡村建设规划许可、宅基地批准文件、施工设计等具体要求，在用地审批、规划许可、产权登记等方面划定红线，并要求建房农户签订农村自建房风貌要求承诺书，形成目标监督管控的约束机制。探索建立农民建房保证金制度，要求农户按照乡村建设规划许可、宅基地批准文件、施工图纸等的要求施工，对按照村庄规划建房的农户，在农房竣工验收后退还保证金。引导村民将农房建设的风貌、材料、高度、面积等有关要求写入村规民约的等村民自治章程，提升村规民约的自治性和执行力，积极发挥村民的主体作用。

综上所述，按照党的二十大报告的要求，必须牢固树立和践行绿水青山就是金山银山的理念，站在人与自然和谐共生的高度谋划发展，因为"尊重自然、顺应自然、保护自然，是全面建设社会主义现代化国家的内在要求"①。提升乡村风貌，就要把生态资源作为乡村最丰富的资源，把生态优势作为乡村最突出的发展优势，把保护好乡村生态环境视为发展生产力，把建设好乡村生态环境视为培养竞争力，以生态环境友好和资源永续利用为导向，建设生态宜居美丽乡村，打造各具特色的现代版"富春山居图"，让良好生态成为农民在乡村宜居宜业的支撑②。

推进乡村宜居宜业，建设党的二十大报告提出的"和美乡村"，需要建立村容村貌管理和人居环境治理的目标管控约束机制，强化对无法降解的环境污染产品进村入户的管控，确保乡村环境问题从源头上得到根治；全面加强乡村基础设施建设、农村人居环境治理、生态建设保护等方面的绿色节能新技术和装配式建筑的推广应用，推进乡村生产、生活、消费绿色化，实现人与自然和谐共生的农业农村现代化；以制度体系、组织体系、指标体系为基础，建立生态宜居乡村的绩效评价体系③，实现生态保护与生态开发的动态平衡，使乡村成为支撑中国式现代化全面推进的美好家园。

---

① 习近平.高举中国特色社会主义伟大旗帜 为全面建设社会主义现代化国家而团结奋斗[N].人民日报,2022-10-26(1).

② 陈文胜,李珊珊.论新发展阶段全面推进乡村振兴[J].贵州社会科学,2022(1):160-168.

③ 奉清清.全面推进乡村振兴的底线、主线与重点任务——访湖南师范大学中国乡村振兴研究院院长、省委农村工作领导小组三农工作专家组组长陈文胜[N].湖南日报,2022-02-24(6).

第七章 乡村治理现代化：必由之路

乡村是最基本的治理单元，既是利益冲突和社会矛盾的重要源头，也是协调利益关系和化解社会矛盾的关键环节。乡村治理的好坏不仅影响乡村社会的发展、繁荣和稳定，还体现国家治理的整体水平，直接关系到国家治理现代化实现的进程[①]。新中国的成立为中国乡村治理现代化确立了制度框架，改革开放以来的乡村变革和取得的伟大成就为推进乡村治理现代化奠定了物质基础和智识资源。而工业化、市场化、城镇化的快速推进，乡村经济发展、社会结构、文化观念和治理秩序不断变迁[②]，城乡发展不平衡、乡村发展不充分矛盾凸显，成为中国特色社会主义乡村振兴道路与国家治理体系和治理能力现代化面临的时代命题，影响着中国乡村治理现代化的基本方向。

一、中国乡村治理传统的历史逻辑与"乡村精神"

党的二十大报告指出："只有把马克思主义基本原理同中国具体实际相结合、同中华优秀传统文化相结合，坚持运用辩证唯物主义和历史唯物主义，才能正确回答时代和实践提出的重大问题""只有植根本国、本民族历史文化沃土，马克思主义真理之

---

① 陈文胜.以"三治"完善乡村治理[N].人民日报,2018-03-02(5).
② 陈文胜.论中国乡村变迁[M].北京:社会科学文献出版社,2021:142.

树才能根深叶茂"[①]。中国现代化的不断推进，带来乡村社会的不断变迁，乡村治理结构不可避免地被改变。而改变为何发生，又受何种因素制约，以及对中国乡村治理的现代化建构产生哪些影响，需要置于中国悠久深厚的历史文化中加以审视。中国作为古老的农业大国，几千年来一直是费孝通所描述的"乡土中国"，乡村社会建立在"乡土中国"的农业生产与传统秩序之上，因此一直存在村庄社会共同体。

有人群的地方就有村庄，每一座村庄都因家族、氏族、宗族而聚居，建立在家园、家庭、家人之上的乡土情结成为共同的文化纽带。有了家就有了家庭的归属感，知道自己生命的源头，感恩亲人的抚育与呵护；有了家庭的归属感就有了家族和家乡的归属感，知道自己来自何处，眷恋成长的故园。因此，族谱、家谱、祠堂、祖坟等元素就是村庄的历史和生命，成为村庄社会共同体的重要载体[②]。

"皇权不下县"使国家和乡村社会有一个明确的权力边界，乡村自治和乡村治理结构得以建立。乡村秩序主要依赖于独特的乡村社会自治制度所形成的乡村治理结构，而乡村自治的社会基础主要是以乡绅治理为主导的宗族制度。自治性带来社会独立性和稳定性，使一座座村庄得以成为自主发展和自我循环的一个个社会共同体，在底层形成一个稳定的社会结构，具有最基本的治理作用[③]，其中一个最大的特点就是上层政治变化无常，基层政

---

① 习近平.高举中国特色社会主义伟大旗帜 为全面建设社会主义现代化国家而团结奋斗[N].人民日报,2022-10-26(1).

② 陈文胜.周口平坟运动与更具人性的传统文化[J].中国乡村发现,2013(2):7-10.

③ 陈文胜.村庄共同体是中华民族得以延续的基石[J].中国乡村发现,2013(1):19-21.

治社会稳固不动①。

但"皇权不下县"并非村庄自治与国家权力的对立，所谓"溥天之下，莫非王土；率土之滨，莫非王臣"②，封建皇权是大一统的中央集权制度，通过"编户齐民"③ 构建发达的基层控制体系，实行"集权简约治理"④，将整个乡村社会置于"大一统文明"⑤ 的统治之下，强调民众无条件的绝对服从。而中央政府是否有能力全面管理全国的所有事务？是否能够管好全国的所有事务？那个时代是农业社会的时代，不发达的经济无法支撑起这么一个庞大的国家机器。现实而明智的选择，一方面是通过科举考试为乡村民众创造"朝为田舍郎，暮登天子堂"的机会和造就士绅阶层为国效力，另一方面是放权于乡村社会，让村庄自我管理，从而用最低的成本有效管理幅员辽阔的国家。

在乡村治理上，国家给予一些具有影响力和权威性的地方士绅精英一定程度的自治权力，来裨补县下治理的阙漏和维持乡村社会的秩序，社会精英要为乡村社会提供无偿的公共服务。从事乡村治理的乡绅，大多是还乡的官员、在乡的秀才、举人等有功名地位的社会名流和德高望重的民间贤达，担任乡村职务只是一种身份体现和荣誉，也是对身份和地位的认同，不仅没有多少报酬，还需要在乡村的公共设施建设遇到困难时首先捐助。国家除了享有征收赋税等权力外，还承担为教化和司法等村庄秩序提供

---

① 徐勇.非均衡的中国政治：城市与乡村比较[M].北京：中国广播电视出版社，1992：3.

② 王秀梅.诗经[M].北京：中华书局，2006：298.

③ 范晔.百官五[M]//后汉书.北京：中华书局，1965.

④ 黄宗智.集权的简约治理——中国以准官员和纠纷解决为主的半正式基层行政[J].开放时代，2008(2)：10-29.

⑤ 刘琼，张铭.传统中国乡村社会治理模式问题再认识[J].东岳论丛，2012(11)：81-87.

最后保障的义务。大一统的中央集权建立在乡村社会自治制度与独特的乡村文化之上，建立在这样一个国家与社会的治理结构上。

中国这样一个多民族国家，能够在几千年里保持乡村社会的结构稳定，是人类史上的奇迹。因为中华民族是由以汉族为主体的多民族构成的，且汉族也不是单一种族，而是由多民族逐渐演化而成的。如在唐朝，不仅皇帝有少数民族的血统，还有不少来自日本、新罗、西域等地的人士在中央政府身居要职。

在几千年历史中，改朝换代、政权交替不断发生，少数民族几度入主中原，国家不断分分合合，自秦汉以来，一座座村庄的成员连同村庄的社会与文化要么整体迁移避乱他乡，建立新的村庄，开辟新的家园，要么与其他民族相融合。有人说中华民族是草食动物，温顺柔弱，倒不如说中华民族如总往低处流的水一般，一旦到达大江大河、汪洋大海，这个世界还有什么能抗衡水的力量？中华民族就如荀子所说：天不能死，地不能埋！在历史的长河中，多少盛极一时的民族和国家昙花一现，而世界上唯有中华文明传承 5 000 年而不断[1]。

建立在家园、家族、家庭之上的家国情怀与乡村治理结构，植根于乡村社会的忠孝观念与权力体系，成了社会的共同价值准则。因为有了家族和家乡的归属感，就有了宗族和民族、国家的归属感，知道自己身在何处，担当时代赋予的历史使命，故情系故土，小而思乡，大而思国。这就是中华民族的"乡村精神"，这样一种独立于国家权力之外的乡村社会自治制度及其形成的乡村治理结构，不仅是村庄共同体的根基，更是中华文明与中华共

---

[1]　陈文胜.村庄共同体是中华民族得以延续的基石[J].中国乡村发现，2013（1）：19-21.

同体的基石①。

二、乡村治理现代演进的共同特征与美国"乡镇精神"

以中国式现代化全面推进中华民族伟大复兴，是新时代中国共产党的中心任务。党的二十大报告指出："中国式现代化，是中国共产党领导的社会主义现代化，既有各国现代化的共同特征，更有基于自己国情的中国特色。"② 治理现代化的共同特征，无疑是生产力发展水平对治理现代化水平发挥着决定性作用，国家与社会的治理结构随一国社会的生产力发展的变化而变化，治理现代化的前沿变化都围绕着人的自由与全面发展，在最广泛的社会基础上推进政治民主化，使社会成员普遍参与对国家与社会的管理，使全体社会成员的主动性和创造性都能得到发挥。

一个有着悠久农业文明历史和深厚乡村治理传统的国家，要真正建立现代制度体系并实现治理现代化绝非易事。因为在现代转型历程中，既有来自自身传统因素的制约，还有来自外部力量冲击的压力。中国乡村治理正是在鸦片战争后新旧碰撞、内忧外患的时代背景下开启现代转型的艰辛曲折探索历程。在100多年的现代化诉求中，无论是洋务运动还是新文化运动，无论是自由主义还是马克思主义，都是在"中国为什么不行"的发问中面向西方。

发端于18世纪英国工业革命的人类现代化，已经历了200

---

① 陈文胜.周口平坟运动与更具人性的传统文化[J].中国乡村发现，2013(2)：7-10.

② 习近平.高举中国特色社会主义伟大旗帜 为全面建设社会主义现代化国家而团结奋斗[N].人民日报，2022-10-26(1).

多年工业文明替代农耕文明的演进。历史上的欧洲，中世纪教权与王权之间的博弈，促成了"上帝之城"和"世俗之城"的出现①，其治理之权分别授予教皇和国王。在两种权力的漫长争斗和论战中形成"有限权力"和"规范权力"的主流观念，并留下重要精神遗产，孕育出现代国家治理的基因，即现代世界的人权、自由、私域、有限政府等宪政意识②。"商品经济"与"工业革命"的相互"耦合"，促使欧美国家资产阶级革命兴起和发展，启蒙运动的代表人物霍布斯、洛克、卢梭、孟德斯鸠等政治思想家们主张的天赋人权、社会契约、三权分立、人民主权等观点，在现代国家政治制度建构的洪流中逐步得以证成和推行。作为个体的人，冲破教权和王权的束缚迈向独立自主，个人与国家和社会的关系表现为个人本位，人成为国家与社会产生、存续的必要性和合理性的最终指向。由此看来，西方国家的现代治理逻辑强调对个人权利进行严格的保护和对政府权力保持高度警惕，试图从根本上保障人的"自然权利"，维护和实现人的价值，促进社会公共利益的增长。

　　毫无疑问，欧美国家的乡村治理现代转型取得了出色的成就，其中，以美国为代表的乡镇自治被托克维尔的《论美国的民主》树为基层治理典范。美国乡镇自治的逻辑，或许正是以生发于个人权利的自由机制维系人们共处和规范人们行为的范式。美国各级政府建制中最早出现的是乡镇，相当于中国一个村的规模，在治理中，对个人权利的追求被视为"图腾"，自由民主的作用被"奉若神明"，事实上也的确促进美国乡镇乃至整个美国社会获得空前发展。托克维尔在《论美国的民主》中写道，美国

---

① 奥古斯丁.上帝之城[M].王晓朝,译.北京:人民出版社,2006:2.
② 丛日云.乌尔曼的名著及其误区[J].读书,2012(8):24-34.

"乡镇组织是一个完整而有秩序的整体，建立得最早。它由于得到民情的支持，使它变得更强而有力。它对全社会起着异常巨大的影响"①。

　　美国乡镇治理的基本结构是乡民大会、民兵训练、乡镇学校以及乡镇教堂，实行的是直接民主，没有乡镇议会；在任命行政官员后，由选举团对他们进行全面的领导，按照本镇民众早先通过的规则办事；更改既定事项或拟办新的事项，就要召开全体选民大会。用英国历史学家弗里曼的话来说，这种乡镇治理结构"重建了古希腊和中世纪的共和国，其本质上是荷马笔下的广场集会、雅典人的公民大会、罗马人的库里亚大会、瑞士的全民议会、英国人的部族会议"②。由于制度制衡行政官员的权力分割，又受市场经济和商业传统的影响，美国政府一般是低行政成本的"小政府"。特别是基层政府，人数少、权力小、薪资低，故工作人员大多是兼职的，可能是律师、医生、商人，每周到政府上班的时间不过一两天。其中，镇长一般没有较高的工资待遇，当然也不需要接待县长、市长、州长，事务不多。如位于美国明尼苏达州北部的多塞特镇，每年都以抓阄的方式选出下一年度的新一任镇长，在2013年，4岁的塔夫茨花1美元报名就当选了③。基层社会实行低成本的自治，基层治理者提供无偿的公共服务，与中国古代的乡村自治有异曲同工之妙。

　　美国立国后，在《独立宣言》中将人权定为国家宪法原则，却仍保留奴隶制，几乎没有侵犯奴隶主的利益。随着身份平等的逐渐发展，到南北战争以后制度逐渐演变，才一步一步走向"人

①　托克维尔.论美国的民主：上卷[M].董良果，译.北京：商务印书馆，1988：67-68.

②　林海.托克维尔在美国乡镇[J].中国乡村发现，2013(3)：183-185.

③　美4岁男孩抽签当选镇长[J].青年参考，2013-05-22(13).

人平等"。曾任哈佛大学校长的约书亚·昆西三世指出，马萨诸塞州的每个乡镇就如同一个独立的共和国，管理自己的事务，这就使新的美利坚国家与殖民时期的经验，保持了相当程度的连续性①。正是因为具有这种连续性，没有打断社会发展的历史链条，使社会发展没有断层，实现最高原则与历史现实、基本制度与社会文化的结合，构成了国家与社会既相互保障又相互制约的权力结构。正是因为将联邦宪法和三权分立建立在乡镇自治之上，美国才创造了人类文明史上的奇迹。

在托克维尔看来，乡镇是一种最自然的人类组织状态，是一个国家最基本的社会组织形式、社会的最基本因子以及孕育整个社会结构的胚胎。而乡镇自由是"在各种自由中最难实现的"，因为处于社会底层的乡镇权利"最容易受到国家政权的侵犯"，也"绝对斗不过庞大的中央政府"。因此，可以由乡镇组织的状况判断国家制度的状况，可以由乡镇人民拥有的权利判断一国人民拥有的权利。在美国，"乡镇却是自由人民的力量所在……在没有乡镇组织的条件下，一个国家虽然可以建立一个自由的政府，但它没有自由的精神。片刻的激情、暂时的利益或偶然的机会可以创造出独立的外表，但潜伏于社会机体内部的专制迟早会重新冒出表面"②。因此，美国将个人是本身利益最好的和唯一的裁判者这一观念，直接作用于美国的乡镇制度和其他政治制度。

从历史与传统的视野观察中国乡村治理，不能忽视近代以来源于欧美国家的现代性思想观念、价值取向、行为模式以及生活方式，对中国这样后发传统国家的现代化治理之路的冲击。在西

---

① 林海.托克维尔在美国乡镇[J].中国乡村发现,2013(3):183-185.

② 托克维尔.论美国的民主[M].董果良,译.北京:商务印书馆:2013.

方列强的强势入侵和西学东渐的影响下，传统中国的乡村治理被置于开放时空中并遭遇巨大冲击，无法适应现代社会治理的基因更加明显。为了救亡图存，从晚清到民国，国人参照西方现代变革思维，模仿西方现代方案，力图构建现代中国，虽一度出现"一个区别于'古代'的根本性转变"①，但受历史根基和经济现实等多重因素影响，在新中国成立前，重建乡村社会终究没有脱离封建专制的轨道。

三、当代中国乡村治理演进与村民自治回归

当代中国乡村治理演变的重要特征，就是治理目标从资源汲取向"新农村建设""乡村振兴"演变，治理模式从村民自治向"乡政村治""多元共治"演变，治理理念从传统礼治向"依法治理""复合治理"演变，使中国延续几千年的乡村治理正式进入国家的行政体系②。

新中国成立以后进行农村社会变革，乡村实行以公有制为基础的指令性计划经济，以及与之相配套的"全能主义"③政治模式。随着"三级所有，队为基础"的人民公社体制的建立，国家政权在乡村社会的渗透和控制全部完成，社会结构变成了一种"总体性社会"④。在这种政治经济体制下，乡村治理制度特别是宗族制度被定为封建反动制度，废旧立新，全面建立了新的治理体系。这实质上是国家权力向乡村社会不断渗透的过程，

① 罗兹曼.中国的现代化[M].国家社会科学基金"比较现代化"课题组,译.南京：江苏人民出版社,2003：429.

② 陈文胜.论中国乡村变迁[M].北京：社会科学文献出版社,2021：117.

③ 邹谠.二十世纪中国政治[M].香港：牛津大学出版社,1994.

④ 孙立平,王汉生,王思斌,等.改革以来中国社会结构的变迁[J].中国社会科学,1994(2)：47-63.

也就是所谓"国家建设"过程中"政权下乡"的产物，是从传统乡村治理"皇权不下县"的乡绅自治到人民公社政社合一的演变。

尽管这种制度安排高度统一且总体上并不成功，却在维护农村社会稳定、普及和提高农业生产技术、改造农民思想意识、保证国家工业化顺利进行等方面发挥着制度功能，在短时期内，国家整合社会的动员能力前所未有地提高了，那时的农田基本建设特别是水利工程取得重大突破就是例证。而人民公社时期将"一大二公"推向极端，只要带上"私"，家产可以随时没收，所有个人的和民间的权利都不受法律保护。农民没有择业自由，也没有迁徙自由。在那样一个状态下，不管怎么勤奋劳动，也没有过上温饱生活。可以说，那个时代是一个食品严重短缺的时代，是一个饥饿的时代。人民公社因治理绩效的边际贡献不断递减而难以为继，最终随着改革开放政策的确立和推进而退出历史舞台。

在20世纪80年代，以"包干到户"为突破口的农村改革兴起，人民公社的部分权力开始从乡村退出，一些农村基层组织体系处于瘫痪状态，旧体制的解体造成乡村社会的"权力真空"，乡村社会面临公共产品和公共服务供给问题时，新的乡村社会基层自治组织应运而生。随即展开的"政社分离"通过"社改乡"建立了乡级政权，并在《中华人民共和国宪法》中确立了乡级政权的法律地位，在法律上明确了村民自治的制度安排，国家权力上移到乡镇人民政府，在村级实行村民自治，国家对乡村社会的治理结构表现为政权在乡镇、民主自治在村的"乡政村治"。

根据有关文献资料，最早的村民委员会是由广西宜山（现河池市宜州区）、罗城两县的部分农村自发组建的，作为自治主体的村民以独立的身份参与，村民选举是村民自治的重要内容，通过制定村规民约等形式形成村庄共识，以实现对乡村公共事务的管理。1980年，广西合寨村为走出乡村治理困境，成立了全国第一个"村委会"，农民以盖手印的方式选举村委会主任①。1982年，村民委员会作为农村基层群众性自治组织被写入新通过的《中华人民共和国宪法》中，乡村自治法则从此进入中国乡村社会的政治舞台。

2006年全面取消农业税，并开展与之配套的权力上收、精简机构、裁撤人员等农村改革②，国家权力进入乡村，发生了由资源吸取到资源下乡的逆转，从根本上打破了以"土地养农民——农民养政府"为主线索的乡村治理体系。乡村治理目标转变为"工业反哺农业、城市支持农村"，这一重大变化推动着乡村治理体制逐步转型，构建服务型治理结构成为乡村组织职能的转变方向。随着脱贫攻坚与乡村振兴的不断推进，政府资源越来越多地向乡村输入，从而引起乡村社会的治理结构、治理生态发生转变，不再是以往单一的熟人社会治理，逐步呈现出政府、市场、社会、个人等多元主体参与治理的共治格局③。

四、压力型体制下乡村治理的"内卷化"

在全面推进乡村振兴的进程中，乡村是连接国家与社会的基点，是处理工农城乡关系的关键环节。以农业农村优先发展为原则，把乡村振兴提高到了前所未有的国家战略地位，越来越多的强农惠农政策密集出台，但在现实中，不少政策未能实现预期，根本原因就是在乡村治理这个关键层面出现了严重的"内卷化"

---

① 徐佳鸣.广西合寨："基层自治第一村"再寻路[N].南方周末,2018-09-06(16).

② 白永秀,史耀疆,白媛媛.税费改革对乡镇政府职能及存在合理性的影响[J].经济社会体制比较,2007(3):123-127,104.

③ 陈文胜.城镇化进程中乡村治理秩序的变迁[J].浙江学刊,2020(5):74-83.

问题①，严重制约了乡村治理现代转型和乡村振兴的顺利推进。

1. "干了不需干的事"导致职能错位。现行体制下的乡村组织职能定位庞杂，可以用"上面千条线，下面一根针"来形容。上级政府的政策和工作需要下级政府推进和落实，处在最基层的乡村组织不得不承担上级"条条与块块"通过"层层加码"下传的各项政策和工作任务及相关责任。尤其是在"乡财县管""村财乡管"的乡村财政权利上移后，随着交通、信息日益发达，在所谓属地管理的"原则"下，上级各个部门不仅能够非常便利地把自己的权力和目标、政绩延伸至乡村，还自觉不自觉地把自身的责任沿着自上而下的"权力链条"和"层层传导压力"的行政体制"顺路"转给乡村基层，就是所谓的"上面请客，下面买单"。在乡、村层面，每年都要接受上面层层下达的硬任务，几乎无所不包、无所不管、无所不干，乡村组织成了无所不能的"万能政府"。不管乡村组织有没有这个职能，都可以县政的名义下达任务给乡村组织并考核，导致出现"种了别人的田，荒了自己的地"的现象。

调研发现，在一些地方，没有执法权的乡镇政府要协助完成缉毒禁毒任务，有的地方甚至下达明确的硬性指标。没有吸毒人员是好事，但不完成上交吸毒人员的规定指标，就要被扣相关绩效考核分，有吸毒人员因此成了乡镇绩效考核的"业绩"。在这种情形下，上级各部门的目标任务成为决定乡村组织工作的"指挥棒"，乡村组织为了完成指标任务，在很多情况下无法顾及农民的意愿。因为提供乡村公共服务和公共产品的决定权在上级部门，乡村组织没有决定权，而农民又缺乏对乡村公共服务和公共

---

① 陈文胜. 乡村振兴中亟须正视乡镇职能"内卷化"问题[J]. 中国乡村发现，2021(4)：115-118.

产品表达意愿的制度性渠道，在现实中，经常出现农民最需要的乡村组织无法提供，乡村组织提供的不是农民最需要的这样一个供给结构性矛盾，也就是有些农民不需要的供大于求，有些农民需要的却供不应求。由于乡村组织的不少工作目标偏离农民的意愿，更多的可能是为上级服务，结果干了群众不需要的事，导致职能错位。

2.“该干的事没干好”导致服务缺位。 处于国家政权最基层的乡村组织，是落实上级各级政府及其各职能部门政策的“最后一公里”。在全面推进乡村振兴、加快农业农村现代化的新阶段，“三农”工作千头万绪，乡村组织的责任前所未有地不断加大。但目前乡村组织突出存在明显的职能错位现象，极大地制约着乡村经济发展和影响社会稳定。从宏观层面看，在农业税全面取消后，乡村治理的资源汲取功能被阻断，形成由资源吸纳的“乡村养县”，向财政反哺的“县养乡村”转变的格局，乡村财权较弱，而且“权力上收”改革后，乡村组织基本上不再掌握公共财政的决定权。在“体制性困局”① 中，乡村组织在职能运行中无法形成互相衔接、环环相扣的权力和责任体系，事实上削弱了乡村组织提供公共服务和疏通农民群众表达利益诉求渠道的实质性权能②。面对全面推进乡村振兴的重大任务和乡村经济社会发展的各种需要，乡村组织在自上而下的公共资源分配制度中逐渐失去了发挥自我职能的空间。

从微观层面看，乡村组织在农村履行以人民为中心的新发展理念，最根本的是要为广大农民群众服务、向广大农民群众负责。因此，农民群众在想什么、最需要什么，乡村组织就最应该

---

① 周少来.乡镇政府体制性困局及其应对[J].甘肃社会科学,2019(6):33-40.
② 陆益龙,王枫萍.乡村治理中乡镇政府的双重困境及其成因——甘肃省 C 镇的个案经验[J].西北师大学报(社会科学版),2017,54(5):37-44.

做什么，而不是围绕上级部门"一刀切"的量化指标展开工作。比如这个村最紧急的事可能是兴修水利，另外一个村最紧急的事可能是修路，不需要每个村都一样，也做不到一样。如果只对上级部门负责，忽视农民的差异化需求，一旦官僚主义的意图强加于乡村基层之上，乡村基层可能就会因为需要完成不符合客观实际的难以完成的"一刀切"量化指标，不得不"被动式"应对，乃至"应急式"突击，从而滑向形式主义的泥潭，为农民服务就有可能沦为一句空话。尽管干部很累、很辛苦，但离开了农民需要与农民满意的基本前提，干得越多，脱离农民需要与意愿的就越多，这就必然费力不讨好。这样的负面效应不仅使乡村组织职能在农民现实公共需求中缺位，还会导致乡村组织在乡村社会中的公信力不断下降。

3. "干了不该干的事"导致角色越位。由于乡村组织处在压力型体制的最底层，其真正的功能在上级层层加码的沉重责任和压力下逐渐弱化，但这并不意味要取消下达必要的"规定动作"，问题的根源在于，有的上级职能部门对乡村社会的管理，只有体量庞杂且细密的考核，没有服务，而考核不仅是"最全事项、最高标准、最严要求、最快速度"的"顶格管理"①，还是脱离客观实际的"一刀切"量化指标的官僚主义表现。乡村组织就如一只筐，什么都可以往里装，数量庞大的"条块"将任务和目标下达至乡村，乡、村两级想方设法以灵活多变的"形式主义"拼凑应对不合实际的"官僚主义"。

基层调研发现，有的地方部门给乡镇下达农村党员违纪查处的指标任务，明确要求必须完成，也就是说不允许存在没有违纪的乡镇。有的地方还给乡、村下达了关于发展农村新党员的指标

① 房宁."顶格管理"逼得基层搞形式主义[N].北京日报,2020-06-08(13).

任务，要求"多一个不行，少一个也不行"，而且对各个年龄段的结构比例作出明确规定，事实上违背了《中国共产党章程》关于发展党员坚持入党自愿、个别吸收和"成熟一个发展一个"的原则。在"一手抓高指标，一手抓乌纱帽"的压力型体制下，乡村组织的许多事务都是为了应付上级所谓"多中心工作"①的规定性目标，导致职能严重越位。不少政绩工程就是一哄而上、急于求成的"大跃进"乱作为，尤其是一些地方政府在法律没有授权、缺乏法律依据的情况下，说不行就不行，一纸令下"一刀切"一禁了之，"一刀切"一拆了之，这不仅是公共权力的乱作为，更是对农民的公民基本权利缺乏起码的敬畏之心，是政府公共权力的异化。

4. "一刀切"的"门槛效应"导致用人导向变异。事业兴衰唯在用人；用人之要重在导向。乡村作为联结城乡的枢纽，无疑是全面推进乡村振兴、实现城乡融合发展的前沿阵地，而加强乡村领导班子和乡村干部队伍建设，是推进乡村组织振兴的一项基础性工程。乡村组织如何选人用人，事关"三农"工作重心的历史性转移的战略全局，关乎乡村治理体系和治理能力现代化的实现。调研发现，经济发展落后的乡村往往存在一个怪圈：一方面人才极缺，普遍存在后继乏人的现象；另一方面设立身份、年龄、学历等诸多条条框框，加剧人才的匮乏以及人才匮乏导致的经济落后。特别是一些地方在班子换届工作中，推行年龄"门槛""一刀切"的硬核政策，是典型的官僚主义和形式主义在基层的蔓延。

如何打破年龄"硬指标"划线，实现不拘一格降人才？为了

---

① 冯川.县域治理体系刚性化与乡镇自主性[J].华南农业大学学报(社会科学版),2021,20(6):119-130.

建立常态化干部选拔任用制度，习近平总书记提出了不"唯票、唯分、唯 GDP、唯年龄"的"四个不唯"选人用人导向[①]。在推进乡村人才振兴中，无疑要按照习近平总书记关于破除"唯年龄论"的要求，树立正确的用人导向，不搞年龄门槛"一刀切"，从而不拘一格降人才，形成乡村干部个个有干劲、人人有希望的工作局面，调动各个年龄段干部的积极性，推动乡村振兴"万马奔腾"，避免"单兵独进"。

而在当前的乡村换届中，一些地方出现了任职年龄划线、任职时间划线的班子配备"硬指标""一刀切"现象。调研发现，中部地区某县明确要求乡镇班子中的"85 后"达到 30%，全县乡镇党政班子编制 273 个，30% 的"85 后"即需要配备 82 人。由于全县乡镇党政班子"85 后"只有 18 人，还需增配 64 人，因此推出"一刀切"的硬核政策：一是每个乡镇分配劝退任务 3~4 人，其中，1972 年之前出生的必须劝其就地改非或调至县事业单位、参公单位，而且组织部门不找乡镇干部谈话，要求乡镇自我统筹，不少乡镇党委书记就以年龄大小为标准劝退干部，导致不少乡镇班子的骨干成员不得不因为年龄的"硬指标"下岗。该县有两个乡镇班子的年龄结构本就年轻化，根据这个"一刀切"的要求，分别把人缘、业务、行政能力都很强的一个 1981 年出生的乡镇副职，和一个 1980 年出生的乡镇副职劝进了机关。二是要求 45 岁以内在同一乡镇班子满 15 年的或在正科满 10 年的必须交流，但由于县局与乡镇未同步调整，就把 2 名书记、2 名镇长、2 名人大主席、4 名政协主任空挂到县直机关，让年富力强、久经基层锻炼的乡镇正科实职负责人提前进入养老休养状态。还有不少熟悉基层情况、经验丰富、口碑好、善于做

---

① 中共中央宣传部理论局. 全面从严治党面对面[M]. 北京：学习出版社，2017.

群众工作的乡镇副职班子成员因不符合年龄"硬指标"，只能就地改为非领导职务。有个基层干部感叹：任职年龄"一刀切"，任职时间"一刀切"，乡镇换届变下岗，心里有苦，何处诉说？

诚然，乡村两级换届对班子结构有不同年龄阶段的客观要求，但培养选拔优秀年轻干部，并不意味着干部年轻化等于低龄化，也并非每个班子都需要"一刀切"配备。"老中青"三代结合是最为理想的配备，但实践的复杂性不可能让每个地方都可以实现最优化的顶格管理，需要"老中中""老青青""中中青"等多元模式的干部优化组合。因此，应该运用具体情况具体分析这个马克思主义活的灵魂，根据各个县、乡的客观实际作为一道"选择题"而非一道"判断题"。既要在基本条件接近的情况下给优秀的年轻干部更多机会，又要让同样优秀但处在不同年龄阶段的人拥有"人尽其才"的发展空间。简单地"一刀切"将年龄划线作为班子配备的"硬指标"，会把一大批"懂农业、爱农村、爱农民"的优秀乡村干部拒于门外，导致本就人才稀缺的乡村形成人才闲置与浪费的怪状。

不顾实际强求"齐步走"的形式主义和官僚主义会导致用人导向变异。为了达到对乡村换届领导班子年龄结构的要求，一些地方简单地以年龄划线，实际上是降低选人用人标准而揠苗助长，忽略了客观情况的差异性，"一刀切"地下达数字化的表格任务。如此"一刀切"地推进乡村换届，是因为"推土机"乃最简单的工作办法，也是动脑最少、动手最少的所谓"见效"最快的工作办法，却违背了《党政领导干部选拔任用工作条例》不简单以年龄划线的严格规定，极大地挫伤了长期以"5＋2""白＋黑"模式在基层一线工作的45～55岁干部的积极性，是不重实效强求"速效"、不顾实际强求"齐步走"的形式主义和官僚主义的典型表现，必然切掉了实事求是的作风，导致用人导向的变异。

如调研的中部某县，为满足对班子年龄结构的要求，简单地以"85后"必须达到30%的"硬指标"划线。用"85后"替换45～55岁的"老乡镇"，采取了两个办法。一是从县直机关下派，以县委组织部为例，符合下派资历的有12人，经谈话，愿意下派的仅1人，大家都认为乡镇条件非常清苦，工作繁杂，离家较远，何时回城心中无底。导致县直部门干部"不愿意干的请去干"，在乡镇长期培养锻炼的干部"愿意干也能干的不让干"，从侧面也说明长期以来没有形成县直机关与乡镇交流以培养乡镇年轻干部的常态化机制。二是从乡镇新进选调生、公务员队伍中考察选拔。

出于以年龄择优替代素质能力等方面的要求，"硬指标"划线无形中成了乡村干部的年龄"荣枯线"，使最适宜的人才受制于年龄"荣枯线"而难以入选，也大大缩小了选拔干部的范围。由于在乡村的年轻干部数量本来就不多，结果只能从数量上满足年龄结构要求，在一些地方只有个别人符合年龄条件，成了唯一人选，这或许是年轻干部自己都感到意外的"火箭提拔"。

存在这些问题的一个重要原因是对优化乡村干部队伍年龄结构存在认识上的误区，没有把年轻化放在革命化、年轻化、知识化、专业化这样一个不可割裂的有机整体中进行全面定位，简单地以年龄要求取代综合素质，把年轻化当成班子年龄结构优化的唯一标准，为了年轻化而年轻化。有基层干部感叹，为了实现年龄结构上的数量指标，不惜"火箭式"破格提拔任命一批"娃娃干部"。可以认为，这些年轻干部的明显优势是受过高等教育，思想敏锐，接受新事物的速度较快，但受教育的背景大多数是工业化和城市化，而且成长经历大多是从家门到校门再到机关门，不仅缺乏独立处理复杂问题的历练，而且缺乏乡村社会治理的经验专长和推进农业农村发展的必备能力。团结和发动农民群众推进乡村振兴，这应该是乡村换届的第一个目标，在非科层制管理的乡村社会，不是一纸任命就能有让广大农民群众认同的权威。同时，以年龄为前提的"天花板"的存在，使积累了丰富工作经验、实践能力很强、善于处理复杂问题的 45～55 岁乡村干部下岗后靠边闲置的问题十分突出。

人才是推动乡村振兴的第一资源，在人口老龄化、实行延迟退休的大背景下，更应该适当放宽对乡村干部的年龄限制，抬高干部任职年龄的"天花板"，使乡村各个年龄段的干部各安其位、各展其才。特别是对经过复杂环境锻炼又有突出才干的农村基层干部，要唯才是举，敢于打破身份、年龄、学历等条条框框，建立一个愿干事、能干事、干成事的农村基层干部队伍，才能破解人才这个乡村振兴中最突出的短板问题[1]。

五、乡村治理转型亟待应对的多重风险

我国作为农业大国，绝大部分国土在乡村，传统文化的根基在乡村，国家治理的基石在乡村，新型工业化、新型城镇化、信息化、农业现代化同步发展的短板也在乡村，乡村社会发展是中国式现代化接续推进的基础和前提。在现代化快速推进中，"乡村中国"朝"城市中国"转变和演进，中国乡村社会正在经历数千年来从未有过的大变局。在国际局势、新冠疫情防控形势、经济社会发展态势持续出现新情况的背景下，在向第二个百年奋斗目标迈进的关键阶段，必须强化底线思维和忧患意识，高度重视乡村治理转型亟待应对的多重风险。

---

① 奉清清.全面推进乡村振兴的底线、主线与重点任务——访湖南师范大学中国乡村振兴研究院院长、省委农村工作领导小组三农工作专家组组长陈文胜[N].湖南日报,2022-02-24(6).

1. 治理风险潜藏：基层干部存在脱离群众的苗头，群众工作意识淡化、应对突发事件的能力弱化，导致不能及时发现隐患，且在问题爆发时不能有效处理。 近年来，随着权力上收，基层乡村干部的工作对象"向上的多，向下的少"，需要应付名目繁多的检查督查、考核迎检、资料报送等，日常工作时间被大量占用，甚至为此加班加点，客观上挤占了深入群众的时间和精力。

调研发现一偏远山区内的一个合并村有 3 000 多人，分散居住在 6 个片。该村村支书表示，一方面，上级要求村干部坐班，日常的迎检、陪同、资料报送负担也重，消耗了大量精力；另一方面，随着智能手机等新技术、新手段的普及使用，各种通知可以通过微信群发给村民，村干部只要坐在办公室"遥控指挥"即可完成大量与群众打交道的工作。这种情况具有普遍性，尤其在一些有数千人口的合并村，村干部没精力深入群众，甚至连村民都认识不全。中部地区的一名镇党委书记表示，上级掌握着考核权力，各种任务让基层干部应接不暇，"事多、会多、迎检多"，难以分身走村串户、深入群众。微信群通知的便捷性也在客观上导致少数基层干部投机取巧，用"上微信"代替"下基层"，缺少老一辈干部将工作做到田间地头的踏实作风。因此，有的地方出现了部分干部了解情况靠电话、部署工作用微信、考评工作看资料等问题。

基层干部脱离群众的新苗头正在萌发，给农村社会的稳定带来两大直接风险。一是群众诉求无法在第一时间上达，安全隐患难以在萌芽期得到及时排查和处理，导致小事拖成大事，小问题酿成大矛盾。二是基层干部平时深入群众不够，缺乏与群众的感情积累，对群众工作方法的掌握不够熟练，导致在问题爆发后，不能迅速地有效介入和处置。

2. 债务风险不减："政绩冲动"下的目标设定、超越发展阶

段和财政能力的民生政策、层层加码的各项"重点工作"，导致乡村各项财务负担严重。乡村振兴是一项需要久久为功的系统工程，而多地基层干部反映，在中央有明确的远景规划的情况下，一些地方为了尽快出政绩，盲目地提出过于超前的发展目标，不去满足农民对生产发展的最基本需求，而是将资金和精力集中在能够"吸引眼球""立竿见影"的"村容整洁""村貌变化"上，甚至超前规划、乱铺摊子搞建设，造成乡村只有"外壳新"，没有"产业撑"的状况，浪费了财力，加重了财政负担。调研时，一位副县长反映，一些典型村动辄投入上千万元，集中用于短期出成果的项目，培育长效产业、激发内生动力、获得稳定回报的项目则存在资金严重不足的问题，部分财政投入打了水漂。

有的地方出台多项民生政策，超越了当地发展阶段和自身财政实力，明显加重财政负担。多个脱贫村的干部反映，按照上级要求，当地农村的中心工作是巩固脱贫成效，但一些地方却把工作重心和投入重心放在人居环境整治上，甚至以"白改黑"的名义，将部分整体状况还不错的水泥通村公路挖掉，改建为柏油公路。一个脱贫县的县级干部认为，这种"白改黑"工作对所在地的交通状况改善并不明显，反而造成明显的资源浪费，给地方财政增加了负担。示范村和"明星村"的负担最为突出，很多村只能举债建设和维护。

调研还发现，一些"重点工作"也存在层层加码的情况，导致行政成本、引导奖励资金大幅增加。双季稻面积任务就是典型案例，有一个南方农业大省的全省早稻面积任务与上年持平，但一些市、县在上年基础上"加码"，并"配套"了严厉的考核问责措施。种粮效益较低，农民积极性普遍不高，基层要完成任务，只能通过采取各种奖补措施来引导农民种早稻，各级各项投入和补贴加在一起，每亩金额在 200 多元到 300 多元，部分投入由县、乡（镇）承担，负担不轻。为了完成这种不切实际的超前发展目标与层层加码的任务，一些财政实力不足的县、乡（镇）政府债台高筑，不少的村也为此负债累累，负债最多的村高达 50 多万元，少的村也有 10 多万元，债务风险正在不断累积。

3. 政府公信力风险加大：地方财政减收使部分惠农政策面临调整，或带来失信于民的问题；局地乡村振兴选点与投入考虑欠妥，加剧不公平、不均衡，群众意见较大。 过去在上级转移支付支持力度较大、地方财政状况尚可、相关帮扶项目支撑较强的情况下，一些地方对部分惠农政策额外"加量"，或者在医疗教育、产业分红等方面出台了地方性惠农政策，并进行广泛宣传。近年受新冠疫情影响，各地普遍出现经济下行压力较大、财政收入明显萎缩的问题，但"六保"不能耽误，尤其是帮助企业纾困解难、稳定粮食生产、确保产业链供应链稳定需要重点安排资金。此外，生态环保、安全生产等"一票否决"的工作不能掉以轻心，基础设施建设也需要投入配套资金。在这种财政减收增支的压力下，调整甚至取消部分地方性惠农政策成为首选，这就意味着群众会有意见。由于涉及面较大，不排除对党委、政府公信力带来负面影响的可能。

还有部分地方在工作推进过程中存在不均衡、不公平问题，导致群众意见比较大，对政府公信力造成不良影响。多地干部反映，评定贫困村时标准相对宽泛，贫困村与非贫困村的差距并不大，随着各种扶贫投入不断加大，两者之间出现"悬崖效应"，两个相邻的村庄的差距越拉越大，部分群众对此有怨言。在推进乡村振兴的过程中，本该综合考虑这些因素，但一些地方政府为了集中展示"成绩""亮点"，以"造盆景"的思路，继续加大对发展较好的脱贫村的扶持力度，导致不公平、不均衡问题加剧，引发了矛盾，政府在群众中的公信力因此受损。

4. 产业"失速"风险逼近：疫情常态化、防疫过度化导致部分乡村产业接近"停摆"，一些扶贫产业发展不理想，甚至出现"关门大吉"现象。乡村振兴以"产业兴旺"为关键，直接关系到农民的收入。在新冠疫情之前，多地乡村产业确实迎来了较好的发展机遇，不过都被疫情打乱了发展节奏。调研发现，新冠疫情对乡村产业的消极影响集中体现在3方面：一是多地农村防疫政策简单参照城市，一味采取封控等过度防疫措施，不仅乡村产业发展受影响，甚至连基本的农业生产都无法准时开展，导致农时被延误；二是疫情使人员流动严重受限，各地前些年发展火热的乡村文旅项目客源量锐减，收不抵支，导致项目难以正常运转，一些运营方因此退出，导致相关的产业分红、土地租金收入、就业收入暂停，影响巩固脱贫成效；三是疫情导致产业链、供应链受阻，乡村的农产品销售不畅通，外出的农民工就业受影响，在家赋闲的农村劳动力明显增多。如果问题持续恶化，涉及面扩大，将带来更大的负面影响。

此外，在前些年的脱贫攻坚中，通过财政注入一定资金引导产业发展，并通过消费扶贫解决农产品销售问题后，部分底子相对一般的村也发展了产业，村民因此得到地租、劳务工资、产业分红。目前，随着政策支撑的调整、帮扶力量的撤出，加上乡村本身缺乏管理、人才、销售资源，部分扶贫产业的发展并不理想，甚至出现"关门大吉"现象。调研时，一个贫困村的村支书反映，前些年在驻村扶贫工作队的帮助下，村子发展了蔬菜产业，还与当地一家大型零售企业签了长期供销协议，基本解决了销售问题，但由于经营管理不善、利润偏低，300多亩蔬菜基地只生产了两年多就停产了。

5. 乡村精神文化受冲击风险增加：局地移风易俗"一刀切"、工作方式简单粗暴、标准界定不科学，对传统习俗文化传承、乡村传统文化信仰构成威胁。部分乡村的陈风陋习给基层群众带来沉重的经济负担和精神负担，移风易俗非常有必要，多地已展开探索，效果也比较明显。但部分地区由政府主导的移风易俗和"一刀切"整治方式，遭群众质疑工作方式简单粗暴，移风易俗的标准界定不科学，对传统习俗文化传承构成威胁，会对凝聚人心的乡村传统文化造成破坏。如不准老人办寿宴、春节完全禁鞭炮、殡葬改革中强行"平坟"等，是近年来乡村移风易俗工作中跑偏的典型，属于过度的移风易俗。

多地干部群众表示，部分地方政府的初衷是好的，但要吸取过去"破四旧"和农村中小学撤并的教训，反思过去部分地方大规模推进"平坟运动"等产生的问题，防止对孝道、忠义、仁爱等价值观念和礼仪体系产生影响，对中国人的民族精神信仰产生冲击。因为这些传统的背后是精神信仰，如果不考虑到这一点，只顾着更快地完成数据目标，就必然导致干群对立，再加上这种问题涉及面很大，一旦发生矛盾，就会产生比较广泛的影响。

六、城镇化大变局中对合乡并村的多重追问

为了在实践工作中正确把握乡村社会变迁的趋势与改革方向，2021 年中央一号文件以维护农民的权益为出发点，站在把握乡村可持续发展规律的战略高度特别强调，乡村建设是为农民而建，不刮风搞运动，严格规范村庄撤并，不得违背农民意愿、强迫农民上楼[1]。第十三届全国人民代表大会常务委员会第二十

---

[1] 中共中央，国务院.中共中央国务院关于全面推进乡村振兴加快农业农村现代化的意见[N].人民日报，2021-02-22(1).

八次会议通过《中华人民共和国乡村振兴促进法》，在国家法律层面要求以尊重农民意愿为原则，严禁违反法定程序撤并村庄，以严格规范村庄撤并①。国家战略层面如此重视撤并乡镇与村庄问题，是因为怎样推进乡镇和村庄的区划调整以拓展和优化乡村发展空间，不仅关系到农民的切身利益，更关系到中国全面现代化的推进②。

1. 合乡并村是方便农民需要还是方便政府管理。坚持农民主体地位是农村改革的根本要求，方便农民需要无疑是合乡并村的根本目的。因此，合乡并村的过程不是人口规模的扩大过程，而是通过延伸公共服务使乡村社会保障水平得到全面提升的过程，以更好地服务农民的生产生活需要，更多地满足农民的公共需求。一些地方不是根据农民的公共需求半径和乡村组织的有效服务半径合理确定合乡并村方案，主要是为了降低政府自身的行政成本而精简人员、撤并机构，导致最底层的基层政权、基层组织离农民越来越远，当地的公共基础设施和公共服务日益边缘化。以前农民到乡政府办事只要跑10多公里，现在要跑几十公里；以前到村委会办事只要跑几公里，现在要跑10多公里。虽然极大地方便了县（乡）政府管理，却使农民到乡政府、村委会办事的成本不断攀升，给群众生产生活带来了极大的不便。调研发现，一些合并的乡（镇）过大，使乡政府成为新的"区公所"，被撤销的乡政府"名亡实存"。

2. 合乡并村是因地制宜还是"一刀切"推进。合乡并村不是人口在地域内的绝对静止，而是以人为中心，转变乡村的人口、土地、资金等资源要素向城市的单向流动方式，因地制宜引

---

① 《中华人民共和国乡村振兴促进法》编写组. 中华人民共和国乡村振兴促进法[M]. 北京：人民出版社，2021.

② 陈文胜. 合乡并村改革切忌大跃进[N]. 光明日报，2015-12-27(7).

导资源要素在一定区域内聚集，构建适应各地特点的乡村发展新秩序。我国地域辽阔，不仅各个地区乡村的历史文化、区位环境、经济水平、产业特色千差万别，各个地区乡村的人口规模和资源禀赋的匹配度也不尽相同，一方山水养一方人，合乡并村就必须准确把握每个乡村的特色与优势。当前农村存在许多不确定性因素，乡村的社会结构需要由不稳定、不规范向逐渐稳定、逐渐规范转向，并向多元发展演进。每个乡村都有自己的特色，行政组织建构应具有差异性，不能进行"一刀切"的制度安排。然而，一些地方为了取得所谓改革的重大突破，主要按照合并的乡村数量、人口与面积进行"一刀切"的"统一规划"，推行"撤销乡、村的数量越多越好，合并乡、村的人口与面积规模越大越好"的工作标准，盲目贪大求快，用行政手段强行撤并乡、村，将会造成适得其反的效果。

3. 合乡并村是推进乡村社会共同体构建还是加速乡村社会原子化。 在中国这样一个有几千年文明史的传统农业大国，众多村庄构筑形成了非常独特的乡村社会，人们集村而群居，相互守望、相互帮助，用这样一种方式进行农业生产，形成共同的文化纽带，使村庄成为一个个自主发展和自我循环的乡村社会共同体，带来乡村社会的独立性和稳定性，从而在农村形成极为稳定的社会结构，这是中华文明传承 5 000 年而不断，延续到今天的一个基石。随着工业化、城镇化的快速推进与不断扩张，传统的乡村社会共同体不断解体和原子化，导致乡村在地理空间上"空壳化"，在居住人口上"空心化"，在乡村秩序结构上"灰色化"，无疑给乡村发展带来前所未有的挑战，又反过来给中国的城镇化带来难以预测的风险。如何破解乡村社会原子化难题以应对挑战？基于费孝通的论断：乡土中国是一个熟人社会，其社会内核始终是一个以血缘关系为纽带的"面对面的社群"或"圈子社会"。因此，构建现代乡村社会共同体需要建立在乡村熟人社会的基础之上。一些地方打破乡村原有的社会结构，大规模推进大乡大村，使城镇化冲击带来的乡村原子化、"空心化"问题进一步恶化，使传统的乡村由"熟人社会"加快向"陌生人社会"转型。调研发现，合乡并村后，乡镇政府对大多数地方鞭长莫及，作为自治组织的村委会"衙门化"，不仅农民难以找到乡镇书记、乡镇长，村干部和村民也大多互不相识，使本已逐渐式微的乡村熟人社会进一步"陌生化"。"陌生人社会"形成的直接后果是乡村传统的道德与权威碎片化，导致乡村社会的道德控制能力直线下滑。如果不引起高度警惕，盲目以大乡大村的模式合乡并村，就有可能使其成为城镇化进程中压垮乡村社会共同体的最后一根稻草，将造成乡村的无序、乡村的原子化，使乡村社会成为一盘散沙！

4. 合乡并村是内在自然地演变还是外在强行地变革。 乡村由人与自然环境的内在发展和演化而来，形成了各具特色的风土人情、历史元素和自然形态，是一个内在自然的历史进程，而非外在强行的主观模式。同时，我国作为全球人口大国，在现代城市文明和工业文明的冲击下，无疑会发生传统与现代、制度与现实、城市与乡村等的激烈碰撞，需要引导乡村文化与现代文明有机对接，既留住传统乡村文化中的"乡愁"，又树立现代的社会价值观念，既尊重传统的风俗习惯与乡规民约，又形成良好的法治观念，以实现乡村社会结构与治理结构及其治理体系的现代转型。因此，合乡并村必须尊重乡村历史演进的内在规律，从社会组织结构、社会治理、乡土文化3个维度合理确定每个乡村的功能定位与发展方向，促进乡村多元发展，从而超越乡村的自然发展与演化的局限，这是合乡并村必须坚守的根本前提。有不少地区不尊重乡村内在的发展规律，大规模地推进合乡并村，不仅造成了乡村多元演进中断，还导致作为历史标记和历史记忆的乡名、村名消失，随之而来的是中国历史文化血脉的断裂。冯骥才因此提出，中国历史文化最遥远绵长的根在乡村，很多历史人物和历史事件与乡村紧密相连。历史悠久的乡名、村名无疑是中华民族优秀传统文化的重要载体和象征，因强行变革而撤销历史悠久的乡名、村名，相当于摧毁万里长城。一些乡名、村名消失了，很多人再也不知道自己在哪里出生、来自何处，还能有什么"乡愁"[①]？

5. 合乡并村是政府意志还是农民意愿。合乡并村就是建设农民自己的家园，与农民息息相关，有着最密切、最现实、最直接的利害关系，理所当然要尊重农民的意愿。而且合乡并村的根本目的是更好地为农民提供公共产品和公共服务，乡镇政府和村级组织自身就是国家向乡村社会提供的公共产品。鞋子合不合脚，只有脚知道，农民对自己赖以生活的乡村非常熟悉，乡镇政府和村级组织需要多大的人口规模和地域面积，需要什么样的组织建构，农民才是最有发言权的人。韩国的"新村运动"中，政府只提供指导性意见，具体的乡村规划和建设主要由农民决定，这就是一个很好的借鉴。乡村治理不是国家意志的单一化、行政化治理，而是根据不同的内在需求进行的差异化治理，制度的安排应该突显农民的主体地位，让农民充分参与决策、监督、管理和实施的全过程，体现农民的政治权利。一些地方在推进合乡并村的过程中，没有广泛地征集农民的意见和诉求，图一时政绩，凭"长官意志"想当然地单方面规划和推进，使农民的家园"被做主""被合并"，难以激发乡村的社会活力，偏离了合乡并村的预期目标。

---

① 陈文胜.合乡并村改革切忌大跃进[N].光明日报，2015-12-27(7).

七、实现农民当家作主是"全过程民主"的必然要求

党的二十大报告明确把"发展全过程人民民主"列为中国式现代化的本质要求，提出"基层民主是全过程人民民主的重要体现"①，为推进乡村治理现代化提出了时代之问。农民是乡村振兴的承载者，也是乡村振兴的受益者，还是乡村振兴效果的衡量者。农民没有积极性，乡村必然难以振兴。习近平总书记在中共中央政治局第二十二次集体学习时提出，"要坚持不懈推进农村改革和制度创新，充分发挥亿万农民主体作用和首创精神，不断解放和发展农村社会生产力，激发农村发展活力"。2018年中央一号文件明确把"坚持农民主体地位"作为实施乡村振兴战略的基本原则，不仅是乡村治理现代化的根本要求，还是乡村振兴一切工作的出发点和落脚点，更是由以人民为中心的根本政治立场决定的②。

1. 尊重农民首创精神是前提。中国农村改革取得举世瞩目的成就，最基本的经验就是尊重农民的首创精神，推动农村一次又一次的制度创新③。农村改革之前的体制没有办法解决中国人的吃饭问题，政府财政也特别困难。没有钱就给政策，从包产到组到包产到户，让农民成为生产主体，杀出一条血路。邓小平就特别指出："我们改革开放的成功，不是靠本本，而是靠实践，靠实事求是。农村搞家庭联产承包，这个发明权是农民的""农

---

①　习近平.高举中国特色社会主义伟大旗帜 为全面建设社会主义现代化国家而团结奋斗[N].人民日报,2022-10-26(1).

②　陈文胜.农民在乡村振兴中的主体地位何以实现[J].中国乡村发现,2018(5):48-51.

③　陈文胜.论中国乡村变迁[M].北京:社会科学文献出版社,2021:44.

村改革中的好多东西，都是基层创造出来，我们把它拿来加工提高作为全国的指导"①。农村幅员广阔，区域差异很大，即使是同一区域内的不同乡村，也因资源禀赋、区域位置、治理水平等不同而存在较大差异，政府是包办不了的，也缺乏用行政力量自上而下推进改革的经验。只有尊重基层实践、尊重农民创新，由农民和基层先行先试，再总结推广。

在当前的乡村振兴中，政府同样没有那么多的财力和人力包办面积比城市广阔、问题更复杂的乡村，只有充分相信农民、依靠农民，给农民和基层更多的自主权，全面放开农民的手脚，调动农民和基层大胆实践、大胆创新的积极性，才能找到适合各地情况的有效办法，制定出为农民所接受、为农民所欢迎的政策措施，形成乡村振兴的原动力。

2. 尊重农民平等权利是基础。正如邓小平所言，"生产关系究竟以什么形式为最好，恐怕要采取这样一种态度，就是哪种形式在哪个地方能够比较容易比较快地恢复和发展农业生产，就采取哪种形式；群众愿意采取哪种形式，就应该采取哪种形式，不合法的使它合法起来"②。目前，农民不平等问题主要表现在城乡居民基本权益、城乡公共服务、城乡居民收入、城乡要素配置、城乡产业发展的不平等，最迫切需要解决的是城乡财产权利不平等和要素下乡的制度瓶颈问题。

习近平总书记强调，"深化农村改革，必须继续把住处理好农民和土地关系这条主线""要破除妨碍城乡要素平等交换、双向流动的制度壁垒，促进发展要素、各类服务更多下乡，率先在县域内破除城乡二元结构"③。这就需要解放思想，大胆突破城

---

① 邓小平.邓小平文选:第3卷[M].北京:人民出版社,1993:382.
② 邓小平.邓小平文选:第1卷[M].北京:人民出版社,1994:323.
③ 锚定建设农业强国目标 切实抓好农业农村工作[N].人民日报,2022-12-25(1).

乡二元的土地制度瓶颈，破除束缚农民的不合理限制和歧视。如"三权"分置的农村宅基地制度改革，不仅使农民得到了一直没有得到的财产权利，实现了财产权利的城乡平等，有效调动了农民的积极性，还激发了市场各类主体的积极性、创造性，带动城市要素进入乡村，提高乡村各类资源要素的配置和利用效率，实现了城乡要素配置的平等与城乡产业发展的平等。

3. 尊重乡村价值与自主发展是关键。 新时代社会主要矛盾的转变、人民群众对美好生活的追求决定着中国整个社会的未来方向，而美好生活最大的动力在乡村，生态文明建设最大的发展空间在乡村。因此，乡村的价值不再只是提供农产品的生产基地，农业不再只是乡村发展的全部内容。乡村美丽的田园山水、独特的生活习俗、悠久的文化传承等相对于城市的比较优势不断凸显。恩格斯曾预言，随着生产力发展到一定阶段，城市和乡村之间将由对立向融合转变①。党的十九大报告提出实施乡村振兴战略，推进城乡融合发展，这是工业化、城镇化发展到一定阶段，顺应中国社会发展趋势的必然要求。从而把乡村发展摆在了一个前所未有的国家战略高度，必然要求乡村回归主体地位。但这绝不是为了拯救乡村，而是把发展理念上升到"四个全面"和"五位一体"的大战略上，以应对工业化、城镇化进程中的政治、经济、文化与社会、环境等时代难题，推进发展动力变革。

实现乡村振兴，关键是使农业发展不再服从工业发展的需要，农村发展不再服从城市发展的需要，农民发展不再服从市民发展的需要，推进乡村完成由被动地接受反哺和扶持、被动地接受带动和辐射，到成为与城市并行发展的主体的转变，实现乡村自主发展，焕发乡村追求内在发展的自发力量。因而必然要求以

---

①　马克思恩格斯选集：第4卷[M].北京：人民出版社，1960：371.

农民主体地位为立场、站在属于农民的乡村，去聆听农民需要什么样的生活、需要什么样的乡村，给乡村社会以充分的话语权、自主权，发挥农民的主体作用，创造真正属于他们自己的生活，让农民成为乡村振兴的真正主体①。

八、加快治理现代转型的乡村职能基本定位

随着城镇化的加快推进，农民与国家的关系发生了全新的变化。这些变化不断体现在国家机器的神经末梢——乡村组织上，乡村治理要顺应这种社会变迁。全面推进乡村振兴，是脱贫攻坚取得全面胜利后中国农村社会发展和现代化建设的又一次重大战略转变。必须按照新时代中国特色社会主义的战略规划，根据统筹推进经济建设、政治建设、文化建设、社会建设、生态文明建设"五位一体"的总体布局，以及协调推进全面建设社会主义现代化国家、全面深化改革、全面依法治国、全面从严治党"四个全面"战略布局的必然要求，加快乡村治理的现代转型②。

1. 把强化政治建设作为根本要求。习近平总书记在党的十九大报告中指出，"旗帜鲜明讲政治是我们党作为马克思主义政党的根本要求"③，并要求要善于从政治上把大局、看问题，善于从政治上谋划、部署和推动工作。在全面推进乡村振兴的背景下，乡村组织必须把坚持党管农村工作作为加强乡村政治建设的根本前提，把坚持党的全面领导贯穿于深入推进乡村治理体系和

---

① 陈文胜.农民在乡村振兴中的主体地位何以实现[J].中国乡村发现,2018(5)：48-51.

② 陈文胜,汪义力.乡村振兴背景下乡镇治理现代转型研究[J].农村经济,2022(4)：73-81.

③ 习近平.决胜全面建成小康社会 夺取新时代中国特色社会主义伟大胜利[M].北京：人民出版社,2017.

治理能力现代化的全过程。处在国家行政层级体系末端的乡村组织是国家政权的基础，直接面向乡村基层社会和广大农民群众，是党的群众基础的重要依托，发挥着党和国家与乡村社会的连接点的关键作用。

乡村组织作为基层治理的引导核心和落实主体，应该把党和国家的基本思想与大政方针贯彻到乡村基层社会治理的全过程，把党历来重视"三农"工作的传统、党管农村工作的原则贯穿到构建现代化乡村治理体系的全过程。乡村组织在乡村基层治理中，要履行好政治建设职能，发挥好战斗堡垒作用，夯实好党的领导核心作用，以党中央最新的指导思想及方针政策为提升乡村治理效能的行动指南，把中国特色社会主义政治体系优势转化为重农强农、实施乡村振兴的行动优势，推进乡村治理体系和治理能力现代化。

2. 把着力经济建设作为中心工作。乡村振兴，关键是产业要振兴。没有产业振兴，乡村振兴就缺乏内在的动力和可持续发展的能力。而农业是乡村的本质特征，乡村最核心的产业是农业，保障粮食安全是乡村振兴的首要任务。中国农业发展经历了由"长期短缺向总量平衡、丰年有余到阶段性过剩的历史变迁，呈现农产品阶段性、结构性供需不对称"的基本特征[①]。推进乡村振兴，从根本上说就是要解决中国经济社会发展面临城乡发展不均衡、乡村发展不充分的突出问题，更好地满足农民日益增长的各种美好生活需要。随着中国社会发展的重大变迁，生活需要已经从数量满足转向质量满足，乡村经济的发展方向也随之发生转变。

---

① 陈文胜.农业供给侧结构性改革:中国农业发展的战略转型[J].求是,2017(3):50-52.

乡村组织的经济职能是乡村治理的基础和支撑，以及实现乡村振兴的重要保障，其重要性不言而喻，而乡村经济发展的水平在一定程度上也反映了乡村组织治理能力的强弱。上接县、下连农民的乡村组织履行国家治理职能，应与社会变迁的特定阶段、国家政策的合理调整相适应，在推进乡村振兴的进程中，要按照党中央关于坚持农业农村优先发展的要求，深化农业供给侧结构性改革，依托地区资源禀赋优势，把提升农业质量作为培育乡村经济动能的核心，推动乡村产业高质量发展。通过新型城镇化建设，形成"以县带乡、以乡带村"的城乡融合发展格局，促进城乡之间土地、资本、劳动力、技术、信息等资源要素双向流动和优化配置，畅通城乡经济循环①，不断增加农民收入，不断提高农民生活水平，不断缩小城乡差距。

3. 把推进文化建设作为长久之策。全面推进乡村振兴，绝不能仅仅依靠传统农村社会"单纯的农业发展""单一的农产品供应功能"的定式思维，更重要的是要着眼于乡村文化这一内生动力，把乡村传承优秀传统文化的功能作为乡村振兴之魂，以推动新时代乡村振兴的全面发展。发挥文化建设职能是乡村组织推进中国特色社会主义制度和文化在基层社会落地生根、开花结果的关键一环，也是乡风文明建设的重要组成部分，是农业农村现代化新的发展阶段推进乡村组织职能变革和农村发展的源头活水。

进入新发展阶段，乡村组织推进乡村文化建设不仅体现在对"根"的寻求与继承、对"传统"的批判与发展、对现代化趋势的把握与引领上，更体现在"中国特色社会主义乡村振兴道路的

---

① 杜志雄. 农业农村现代化：内涵辨析、问题挑战与实现路径[J]. 南京农业大学学报(社会科学版)，2021(5)：1-10.

制度文化在乡村社会的建立和维护"① 上。全面推进乡村振兴主要是回应城乡发展不平衡的时代之问，而城乡发展不平衡不仅表现在经济发展不平衡，更突出表现在文化发展不平衡。乡村组织管理基层一方，既有缩小城乡物质差距的责任，更有减小城乡文化落差的使命，既要帮助农民用票子填满口袋，也要丰富农民的精神世界②；要把乡村文化振兴这一乡村振兴的重要组成部分贯穿于乡村振兴的全过程，"坚持以社会主义核心价值观为引领，以传承发展中华优秀传统文化为核心，以乡村公共文化服务体系建设为载体，培育乡风文明、良好家风、淳朴民风，推动乡村文化振兴"③。

4. 把加快社会建设作为主攻方向。城乡发展不平衡、乡村发展不充分的问题表现在乡村组织职能方面，主要是乡村社会管理滞后、城乡管理分割不平衡突出，其中"经济一腿长、社会一腿短"尤为明显。进入新发展阶段的关键时期，经济体制的变革、社会结构的变动、利益格局的调整、思想观念的变化等新情况、新挑战，使乡村社会阶层分化与流动加速交织，利益多元与社会主体诉求多元叠加，乡村社会管理面临政府"缺位"和市场"失灵"的双重挑战，把乡村社会建设摆到乡村治理现代化进程中更加重要的位置，对全面推进乡村振兴而言显得尤为紧迫。而现有的乡村社会管理体制在诸多方面已经不能完全适应全面建设社会主义现代化国家的需要，尤其是社会主要矛盾变迁倒逼乡村组织的社会管理职能变革。

---

① 陈文胜,李珺.论新时代乡村文化兴盛之路[J].江淮论坛,2021(4):143-148.

② 郑晋鸣.冬日暖流 一路春风——踏着总书记徐州考察路线采访记[N].光明日报,2017-12-15(2).

③ 中共中央,国务院.乡村振兴战略规划(2018—2022年)[M].北京:人民出版社,2018.

为了有效回应这些新需要、新矛盾，党的十九大报告提出，健全自治、法治、德治相结合的乡村治理体系；中共中央办公厅、国务院办公厅下发的《关于加强和改进乡村治理的指导意见》进一步要求"建立健全党委领导、政府负责、社会协同、公众参与、法治保障、科技支撑的现代乡村社会治理体制"，从而明确了乡村组织社会建设的战略任务。社会建设作为乡村组织职能的重要内容，需要在乡村振兴的进程中进行动态调整，以共同富裕为方向，从发展乡村社会事业、优化乡村社会结构、完善乡村社会服务功能、促进乡村社会组织发展等方面，全面建立健全城乡收入分配体系、乡村服务体系、城乡人居分布体系、乡村社会保障体系，为广大农民实现更加广泛和公正的城乡社会权益共享，构建多元主体共同参与、共同治理的乡村社会发展新格局[①]，从而切实发挥农民主体作用，是未来一段时期乡村组织社会建设的主攻方向。

5. 把突出生态建设作为战略取向。"生态振兴"是乡村振兴的五大"振兴"之一，可以说，保护好生态环境就是发展乡村生产力，建设好生态环境就是培养乡村竞争力。2018年中央一号文件把坚持人与自然和谐共生列为推进乡村振兴的基本原则，并明确指出良好生态环境是农村最大优势和宝贵财富，生态宜居是乡村振兴的关键[②]。因此，推进乡村组织职能的现代转型，必须把生态文明建设放在突出地位，不断降低乡村资源消耗强度，不断提高乡村资源利用效率，以最少的资源消耗获取乡村最大的经济和社会效益，强化乡村组织作为生态文明建设前沿阵地的社会公共责任，确保乡村的生态治理有效。

① 陈文胜.构建农业农村现代化新格局[J].新湘评论,2021(5):47-49.

② 中共中央,国务院.中共中央国务院关于实施乡村振兴战略的意见[N].人民日报,2018-02-05(1).

需要强调的是，乡村组织的生态建设职能是一项系统工程，要把生态文明建设融入经济建设、政治建设、文化建设和社会建设，协调好经济效益与生态效益之间的关系，实现生态保护与生态开发的动态均衡。对乡村组织来说，生态文明建设作为乡村社会一种持久的生产生活方式，既不是短暂的政治任务，也不是一般意义上的中心工作，而是推进"乡村-生态"协同振兴、实现农业强、农村美、农民富的基本进路，是构建城乡经济社会互促互利循环共生体系的关键环节。毫无疑问，卓有成效的乡村生态治理是新时代推进乡村治理体系和治理能力现代化的题中应有之义。

九、农村基层官僚主义形式主义风险防范的机制突破

必须清醒地认识到乡村社会的一个基本客观现实，即随着工业化、城镇化的不断深入推进，城乡要素加速流动，中国乡村社会发生了前所未有的变动。因此，农村社会稳定的风险既源于当前复杂的经济社会发展环境，也源于推进乡村振兴中对官僚主义、形式主义的防范不足。化解农村社会稳定风险，需要进一步在思想上立根固本，在行动上稳中求进，在体制机制上改革创新。

1. 坚持"以人民为中心"的发展思想统领农村工作。 习近平总书记强调："我们谋划推进工作，一定要坚持全心全意为人民服务的根本宗旨，坚持以人民为中心的发展思想，坚持发展为了人民、发展依靠人民、发展成果由人民共享，把好事实事做到群众心坎上。"① 农村工作千头万绪，只有牢牢把握以人民为中

---

① 筑牢理想信念根基树立践行正确政绩观 在新时代新征程上留下无悔的奋斗足迹[N].人民日报,2022-03-02(1).

心的发展思想，毫不动摇地按照党中央提出的坚持农民主体地位原则这一政治要求，尊重农民意愿，回应农民关切，激发广大农民积极性、主动性、创造性[①]，才能确保乡村振兴方向不偏离、工作不走样，从源头上防范与化解农村社会稳定风险。

一方面，把坚持农民主体地位落到实处。各级党委、政府谋划和推进农村工作，必须站在"农村是农民的农村"的立场，去聆听农民需要什么样的生活、什么样的农村，以农民群众答应不答应、高兴不高兴、满意不满意为衡量农村工作的根本尺度，给广大农民以充分的话语权、自主权，将农民群众的获得感、幸福感、安全感作为乡村振兴战略实绩考核的核心内容，确保各项决策有坚实的民意基础，从而符合农民意愿，维护农民权益。

另一方面，坚持以人民为中心加强农村基层党组织建设。以履行组织、宣传、凝聚、服务群众职责为重点，加强农村基层党组织建设，持续整顿软弱涣散基层党组织，深化党员队伍的思想政治教育，提高党性修养，建立健全乡镇党政、村"两委"班子成员联系群众机制，引导基层党组织把农民利益摆在首位，眼睛往下看，工作朝下做，形成基层治理共建共享的新局面，把矛盾隐患更多地解决在基层，提高乡村组织防范、化解农村社会风险的能力。

2. 从根源上解决影响乡村基层的形式主义和官僚主义。 形式主义和官僚主义导致乡村基层负担重、干群关系受损、党中央政策在基层落地时走样，是全面推进乡村振兴的最大阻碍，是当前绝大多数农村社会稳定风险形成的根源。习近平总书记多次就整治形式主义、官僚主义问题作出重要指示，强调"要聚焦形式

---

① 陈文胜，李珊珊. 论新发展阶段全面推进乡村振兴[J]. 贵州社会科学，2022(1)：160-168.

主义、官僚主义问题开展全面检视、靶向治疗，切实为基层减负，让干部有更多时间和精力抓落实"①。但形式主义和官僚主义具有顽固性、反复性、变异性，屡禁不止，需要从干部与制度两个层面来探索治本之策。

一方面，把加强党的宗旨教育与完善干部培养、评价机制结合起来。要把加强党的宗旨教育作为整治形式主义和官僚主义的重要内容，从思想上解决部分农村工作决策者对农民群众的期待、岗位职责缺乏敬畏之心的问题。建立农村工作决策者向下挂职锻炼、交流、走基层的常态化机制，提高决策的科学性。建立健全对乡村基层干部的容错纠错机制，激励干部担当作为。

另一方面，把减负工作与建立权责清单结合起来。持续整治清理乡村乱摊派、"文山会海"、检查考核加码、"指尖"歪风等问题，推动为基层减负工作常态化、制度化。明确划分县、乡责权范围，建立健全县级各部门、乡镇政府的权力清单与责任清单，厘清村级组织的职责边界，确保权责对等，并赋予乡村组织对超出责任清单范围的任务摊派、偏离党中央政策的层层加码说"不"的权利。探索赋予乡镇在防范、化解农村重要风险上对相关部门的召集权，增强县、乡两级服务乡村社会的合力。

3. 尽快推进精兵简政以减轻基层政府财政压力。当前，地方财政面临的减收增支矛盾日益突出，尤其是中西部地区的诸多欠发达县域，即使有转移支付兜底，仍面临保运转都困难的挑战，在防范与化解农村社会稳定风险上有心无力。越是困难，越要深化改革。据统计，"十三五"期间，地方财政一般公共服务

---

① 统筹推进疫情防控和经济社会发展工作 奋力实现今年经济社会发展目标任务[N]. 光明日报,2020-04-02(1).

支出（保障机关事业单位正常运转的支出）增长 46.7%[①]，财政养人的成本越来越高，既让地方财政承压，也为形式主义、官僚主义提供了"温床"，影响了政府效能的提高。为此，建议尽快推进精兵简政，建立低成本、简约高效的管理体制。

一方面，深入推进简政放权。贯彻党中央关于机构改革和基层管理体制改革的决策部署，进一步推动各级政府减权限权，减少微观事务管理、行政审批事项、行政许可事项，全面推行权责清单、市场准入清单制度，把政府主要职能转到监管和服务上来，让服务资源更多地下沉到基层，把农民能办的事交给农民自己办。深入推进"互联网＋政务服务"，扩大政府向社会购买基本公共服务的范围，全面降低行政成本。

另一方面，深化机构改革，压减财政供养人员。结合政府职能转变，坚持"瘦身"与"提效"相结合，深化机构改革，整合基层机构设置和人员配备，加快将经营性质的事业单位全面推向市场，大力收缩财政供养人员规模。建立效率与目标导向的机关事业单位绩效考核机制，倒逼机关事业单位改进工作思路与方法，变改革压力为改革红利，提高工作效能。

4. 强化对农村超前发展惯性思维的有效约束。实施乡村振兴战略是一项长期而艰巨的任务，处理好长期目标与短期目标的关系至关重要。习近平总书记明确指出，在实施乡村振兴战略中要遵循乡村建设规律，切忌贪大求快、刮风搞运动，防止走弯路、翻烧饼[②]。但在现实中，不少地方仍坚持超前发展的惯性思维，不顾实际情况搞"形象工程""照搬照抄"与"一刀切""齐步走"的"大跃进"，成为农村社会不稳定的重要因素。要解决

---

① 根据《中国统计年鉴2016》(中国统计出版社2016年出版)和《中国统计年鉴2021》(中国统计出版社2021年出版)有关财政统计数据计算。

② 习近平.论"三农"工作[M].北京:中央文献出版社,2022:281.

这一问题，需建立对超前发展惯性思维的有效约束机制。

建立以规划为依据的投入机制。坚持"不规划不投入"的原则，把乡村建设发展资金、项目投入限定在县、乡、村规划设计的范围内，确保资金投入的针对性、精准性和安全性。

建立财政涉农资金支出管控清单制度。各级政府每年根据乡村振兴目标任务与预算情况制定管控清单，明确年度支出的禁止类、限制类、保障类事项，依据清单做好支出管控，防止超实际投入。

建立常态化的"形象工程"监督排查机制。把乡村振兴领域"堆盆景"、"造政绩"、盲目举债上项目等问题作为巡视、审计的重要内容，并建立专项监督制度，建立举报平台，压实整治责任，及早发现、处置风险隐患。

建立严格的责任追究机制。建立健全乡村振兴的责任追究机制，既追究不作为行为，也追究乱作为行为，对随意决策搞短期行为给农民群众造成重大损失的，实行终身追责制度，督促各级脚踏实地开展农村工作。

十、推进乡村治理多重转变的时代之答

乡村组织作为连接国家与乡村社会的桥梁，发挥着对上沟通信息、对下传达政策、灵活分配资源和组织动员群众的重要作用[①]。随着乡村振兴的全面推进，国家与农民、城市与乡村的关系发生了全新的变化，乡村组织职能转型迎来了新的契机，回答好乡村组织职能如何定位、乡村组织如何现代转型的问题，推进乡村组织的职能加快向社会管理和公共服务回归，是有效应对乡

---

① 叶仁贵."复合型治理"政府：简政放权视野下的乡镇角色转型[J].学术研究，2020(5)：60-66.

村组织在基层治理实践中面对的各种困境，加快乡村治理体系与治理能力现代化的关键所在[①]。

1. 职能边界要从属地管理向职权管理转变。属地管理是我国纵向政府间以地域来划分权责的一种行政制度安排，但在治理实践中，职能边界不清，上级政府及其职能部门都有"权力"借属地管理之名，以各式各样的"责任状"把本该由自身负责的工作任务层层加码向乡村组织转移，位于行政末梢的乡村陷入"责任属地、权力和资源不属地"[②]的权责不等、运转失衡的困境。如何破解现实难题？2016年，国务院发布《关于推进中央与地方财政事权和支出责任划分改革的指导意见》，明确划分了中央和地方政府之间的权责配置，为县级以上与乡村组织的责权划分指明了方向。

因此，不能把原本乡村组织没有管理权限的事项任意摊派给乡村组织，不能让与基层签订责任状变成上级部门推卸责任和实施懒政的途径[③]。党的十九届四中全会提出，要"坚持和完善中国特色社会主义行政体制，构建职责明确、依法行政的政府治理体系"[④]。对乡村治理而言，关键是要纠正属地管理的错误做法，以法定职责为依据，按照权责对等的原则，界定乡村组织的责任范围，划分县级以上党委、政府及其各部门与乡村组织的权责，以维护乡村组织的法定权力，切实为乡村组织和乡村干部

---

① 陈文胜,汪义力.乡村振兴背景下乡镇治理现代转型研究[J].农村经济,2022(4):73-81.

② 颜昌武,许丹敏.基层治理中的属地管理:守土有责还是甩锅推责[J].公共管理与政策评论,2021,10(2):102-112.

③ 陈文胜.重建考核机制 防止乡镇职能异化[J].中国党政干部论坛,2017(4):21-25.

④ 中共中央关于坚持和完善中国特色社会主义制度 推进国家治理体系和治理能力现代化若干重大问题的决定[M].北京:人民出版社,2019.

减负减压①。

2. 公共产品供给要从政府目标主导向农民群众最现实需求主导转变。农村公共产品是广大农民群众生产生活的基础保障，关乎农民群众日益增长的美好生活需要。随着乡村振兴的全面推进，农村公共产品的需求呈现动态变化趋势。各级政府作为现阶段我国农村公共产品供给的主体，在进行公共产品供给决策时，较少结合当地农民因地域经济水平不同、收入水平差别以及个人身份不同而呈现的需求个性化和多样化的实际情况，更多以政府目标为主导及领导者任期内政绩、个人利益所需来制定公共产品供给政策。

习近平总书记多次强调，要充分尊重广大农民意愿，调动广大农民积极性、主动性、创造性，把广大农民对美好生活的向往化为推动乡村振兴的动力，把维护广大农民根本利益、促进广大农民共同富裕作为出发点和落脚点②。但基层往往会出现乡村组织迫于上级追责压力，为完成任务不顾农民群众实际需要，用行政手段强行推进公共产品供给的现象，这就没有与农民最现实需要和最迫切需要相对接，脱离了农民是否满意的根本标准。这一现实问题对全面推进乡村振兴提出新要求，需要把"以人民为中心"这一新发展理念，落实到保障和支持农民通过乡村自治机制在乡村社会当家作主上来，以农民最关心、最直接、最现实的需求为导向，确保公共产品与公共服务由农民决定、服从农民需要。

3. 治理机制要从单一治理向多元治理转变。在乡村治理体

---

① 陈文胜.乡村振兴中亟须正视乡镇职能"内卷化"问题[J].中国乡村发现，2021（4）：115-118.

② 习近平李克强王沪宁赵乐际韩正分别参加全国人大会议一些代表团审议[N].人民日报，2018-03-09(1).

制运行中，由于"条块分割"严重，"压力型"考核演变成制度安排，乡村治理的权力体系被肢解，导致"权在上、责在下"，体制机制呈现不完善、不全面、不系统的"碎片化"特征。党的十九大报告提出，要"深化机构和行政体制改革""建设人民满意的服务型政府"[①]。乡村组织作为直接面向人民群众的行政机构，承担着一系列与人民群众生产生活紧密相关的事务。

要改进乡村组织服务方式，尽可能将治理重心和资源向乡村基层下沉，以政策与机制配套作保障，构建简约、高效、系统的乡村治理机制，把坚持以人民为中心贯穿于推进乡村治理体系和治理能力现代化的全过程，最大限度地方便广大农民群众、让广大农民群众满意。从乡村内部与外部力量共同构成乡村社会治理中现存的客观现实来看，村"两委"、合作社、宗族组织、外部社会组织、乡村"能人"、新型经济组织等各有优势、各有所长，但由于缺乏有效的机制，无法实现功能互补、助力乡村治理。

现在中国的乡土权力跟行政权力是没办法分割的体系，比如在村庄，乡村权力到底属于谁，属于乡村干部还是属于村庄共同体，村庄共同体怎么形成。村庄共同体的形成需要解决 3 个问题，首先是达成乡村社会的共识。共识就是权力的公信力，比如谁来担任村委会主任、村党支部书记，乡村社会认不认同这个权力。其次是制度下的权力。即必须通过一个程序来认同这个权力，现有的法律要求，有关村民重大事项的决策，必须经村民大会、村民代表大会同意，否则，村委会的决定是无效的，这是一个底线问题。再次是必须有人负责。如果你也可以负责，我也可以负责，就不叫负责。必须从以上 3 个层面构建一个低成本治

---

① 习近平.决胜全面建成小康社会 夺取新时代中国特色社会主义伟大胜利[M].北京：人民出版社，2017.

理、公开透明决策、多元社会支持的治理机制，否则谁来治理就是一个伪命题。

党的十九大报告要求健全自治、法治、德治相结合的乡村治理体系，推进乡村治理现代转型迫切需要构建共建共治共享的乡村复合治理格局，形成以乡镇党委领导、乡镇政府主导，村"两委"为基础，农民群众为主体，合作社等社会组织和新型家庭农场等经济组织为重要组成部分的乡村多元治理体系，在制度上需要进行系统化制度建构。

4. 考核导向要从注重工作过程向注重工作结果转变。考核本质上是工作目标自上而下的分解与压力层层传导，旨在推动工作高效落实，确保政策在基层落地，保障农民有实实在在的获得感。科学完善的考核机制，不仅对乡村组织的有效运行具有重要作用，还有利于激发乡村干部的工作热情和提升工作效率。但是，若存在考核项目太多、"责任状"太滥、内容太虚等问题[①]，往往会因只注重工作过程而陷入"痕迹化"考核的形式主义。

因此，考核不应只停留在表面形式而不注重实效，特别是乡村振兴任重而道远，农村工作依然最艰巨最繁重，必须以乡村组织的法定职责为主要依据，结合不同地区和不同发展水平的不同乡村的实际，设置科学化、差异化的考核目标和建立考核评价体系；以工作结果为考核导向，探索乡镇党委、政府和村"两委"的工作实绩"公开、公示、公议"等做法，把群众满意不满意、工作结果怎么样作为考核评价权重的关键部分，不断优化乡村组织的行政能力，提升整体的政府性能，以实实在在的实绩响应广大群众的各类需求，达到权为民、利为民的效果。

---

① 陈文胜.重建考核机制 防止乡镇职能异化[J].中国党政干部论坛,2017(4)：21-25.

5. 党的基层组织建设要从注重领导群众向同时注重发动群众转变。 在"党政体制"[①] 下，农民与国家的关系不仅限于"国家-社会关系"，还有根植于中国特色社会主义政治、贯穿于群众路线的"党群关系"。党群关系的显著特点是具有社会动员与行政动员两个层面的动员性，和"为人民服务"的回应性[②]，从根本上来说，就是"为了谁"和"依靠谁"的问题。回顾党的百年历史，领导群众尤其是发动群众，是党不断取得中国革命和现代化建设胜利的重要法宝。正如习近平总书记强调的："乡村振兴不是坐享其成，等不来、也送不来，要靠广大农民奋斗。"[③]

在全面推进乡村振兴中，乡村组织建设要把"为了农民"放在第一位，牢牢牵住"依靠农民"这一"牛鼻子"，把不断提高发动农民参与乡村振兴的能力和水平作为基层党建的主线，使党员干部与农民群众"同心"，振兴举措与农民期盼"同向"，乡村发展与农民富裕"同行"，全面激发广大农民群众的主体积极性，释放农村生产力中人这个最具决定性的力量和最活跃的因素，以不断激活乡村振兴的内生动力，让亿万农民群众创造真正属于自己的生活，才能构建农业高质量发展、农村高效能治理、农民高品质生活的农业农村现代化新发展格局。

总之，最大多数人的利益是最紧要和最具决定性的因素，是马克思主义的基本观点，更是党的基本立场。早在延安"窑洞对话"中，毛泽东就指出，我们已经找到新路，我们能跳出黄宗羲

① 景跃进,陈明明,肖滨.当代中国政府与政治[M].北京:中国人民大学出版社,2016.

② 杜鹏.一线治理:乡村治理现代化的机制调整与实践基础[J].政治学研究,2020(4):106-118,128.

③ 坚持新发展理念打好"三大攻坚战"奋力谱写新时代湖北发展新篇章[N].人民日报,2018-04-29(1).

定律，这条新路就是民主，只有让人民来监督政府，政府才不敢松懈。只有人人起来负责，才不会人亡政息。邓小平指出，"把权力下放给基层和人民，在农村就是下放给农民，这就是最大的民主"。习近平总书记在党史学习教育动员大会上提出，历史充分证明，江山就是人民，人民就是江山，人心向背关系党的生死存亡①。赢得人民信任，得到人民支持，党就能够克服任何困难，就能够无往而不胜。在全面推进乡村振兴的进程中加快乡村治理现代转型，必须全面贯彻"以人民为中心"的新发展理念，也就必然要求把制度变革与建构落实到实现人的全面发展与社会全面进步上，必须毫不动摇地按照党中央提出的坚持农民主体地位这一政治要求，保障和支持广大农民群众在乡村治理中实现当家作主，这是"江山就是人民，人民就是江山"落实到国家政治生活和社会生活中的最直接体现，也是乡村治理体系和治理能力现代化的出发点和落脚点。

---

① 习近平.在党史学习教育动员大会上的讲话[J].求是,2021(7):4-17.

第八章 县城战略突破：激发动力

县城位于城市之尾、农村之首，是协同推进新型城镇化与乡村振兴的关键纽带。中共中央办公厅、国务院办公厅印发了《关于推进以县城为重要载体的城镇化建设的意见》，对推进县城城镇化建设，增强县城综合承载能力，提升县城发展质量作出全面部署①。中国县域面积广、承载人口多、经济分量重，事关经济社会发展的全局。县城是县域发展的龙头、城乡融合发展的有效平台，突出县城在推进新型城镇化与乡村振兴中的双轮驱动作用，对推动县域工业化、城镇化，培育县域经济发展的新增长点，不断拓宽农民的增收渠道，全面推进现代化进程具有重大的战略意义。

一、城镇化与乡村振兴协同推进的战略支撑

县城不仅代表着乡村对接城市，还代表着城市辐射与带动乡村，既是连接城乡的宏观经济与微观经济结合部，也是工业化、城镇化、信息化与农业农村现代化的连接点，在城镇化和乡村振兴的协同推进中具有十分重要的战略地位②，具有区别于大都市的独特价值与无法比拟的优势。

---

① 中共中央办公厅,国务院办公厅. 中办国办印发《关于推进以县城为重要载体的城镇化建设的意见》[N]. 人民日报.2022-05-07(1).

② 陈文胜、李珊珊. 论新发展阶段全面推进乡村振兴[J].贵州社会科学,2022(1)：160-168.

第八章　县城战略突破：激发动力

1. 全面推进乡村振兴需要以县城为战略动力。 在以县城为中心、乡镇为纽带、村庄为腹地的县域中，县城是立体交通枢纽，处于县域内经济社会发展的核心地位，起着引领、辐射、集散、支配、制衡等主导性作用，通过以工补农、以城带乡直接推动农业农村现代化。

乡村产业振兴的核心动力在县城。发展农业规模经营、延长农业产业链条、强化农业科技支撑、加快农产品高效流通等，需要以县城为载体，加快农业劳动力转移，做强农产品加工业和农业生产性服务业，架起科技信息等现代要素向乡村产业流动的桥梁，畅通农产品进城、工业品下乡的通道，才能从根本上形成农民增收与地方财政增收的长效机制。

乡村建设的力量支撑在县城。实施乡村建设行动是全面推进乡村振兴的重点任务，需要依赖县城的人才优势，为乡村规划、建设、服务等各领域提供人才智力支撑。需要发挥县城作为交通、能源、网络等的核心节点的作用，为乡村建设提供优质产品、技术、服务网络，形成对乡村基础设施与公共服务的有力支撑。县城是县域内最大的城，没有工商业繁荣的县城，以工补农、以城带乡就可能是一句空话。

2. 县域城镇化需要以县城为战略载体。 城镇化在空间结构上表现为城镇功能的辐射与延伸，推进县域城镇化，无疑需要发挥县城的龙头作用，推进城乡经济的聚集和扩散，形成对产城融合的带动效应，加快农业人口城镇化的进程。

县城为城镇化推进提供拓展空间。在中国城镇化进程中，县域一直是城镇化的短板，县城人口比重增速长期低于全国城镇化率的增速。随着大中城市对城镇化拉动功能的衰减，数量庞大的县城日益成为城镇化进一步拓展的空间。

县城为区域城镇化的协调发展发挥重要的"调节器"作用。

在大城市主导的城镇化进程中，部分中心城市"一城独大"，导致周边县域人口和产业被虹吸，区域空间结构与资源配置失衡，不平衡、不充分发展的矛盾突出。因此，需要发挥县城的节点支撑作用，促进大、中、小城市错位协调发展，推动区域资源优化配置与均衡发展。

县城为增进民生福祉提供有力支撑。县城是农业转移人口就近城镇化的主要载体，承担着为更多的人提供更高品质生活空间的重任，在改善县域民生中发挥着重要支撑作用。

3. 城乡融合发展需要以县城为战略平台。县城亦城亦乡，兼具城市和乡村的特征，既是大城市向下渗透的桥头堡，又是城与乡、工与农直接连接的纽带，是城乡融合发展的战略平台。

县城是推进城乡产业融合发展的衔接平台。县城是县域的工业集聚地、消费集中地、商品集散地，是把工业产业链上游与农业产业链下游串联起来的关键界面。推进城乡产业融合，需要县城作为城乡产业协同生产、协同服务的产业集聚平台、资源交易平台、产品流通平台，促进城乡经济互动融合。

县城是促进城乡要素良性互动的交流平台。县城是城乡要素交流的枢纽，向上承接大中城市要素向乡村溢出，向下承担引导乡村要素向城市集聚的责任。破除城镇化过程中出现的城乡之间要素单向流动的问题，需要以县城为平台，搭建城乡要素流动的载体和桥梁，畅通城乡要素双向流动的通道。

县城是推动城乡基本公共服务均等化的服务平台。县城是县域内公共服务能力最强的区域，推进城乡基本公共服务均等化，关键是要强化县城为乡村服务的能力，让城市的教育、医疗、文化、就业等方面的优质资源向乡镇、村庄辐射与延伸。

4. 构建新发展格局需要以县城为战略基点。县域具有辽阔的区域空间和生态优势，是最大的潜在内需市场，是最具活力的战略发展空间，建设全国统一大市场与畅通国内大循环，需要具有支配效应的县城作为县域的聚散中心与增长核，形成以县城为战略基点、国内城乡功能互补的网状系统，才能真正形成协调互动的新发展格局。

县城是扩大内需的重要潜在市场。现阶段县城的投资消费与城市差距大，相关研究表明，县城人均市政公用设施固定资产投资、人均消费支出，仅分别为地级与省会城市的1/2、1/3。推进县城建设发展，有利于开辟新的巨大投资消费空间，为扩大内需提供有力支撑。

县城是带动县域投资消费的龙头。县域是投资与消费的基础性市场，尤其是广阔的乡村具有巨大的潜力。激活县域投资消费市场，需要发挥县城的龙头作用，推动基础设施最大限度地向乡村延伸，产业与乡村连接，新的消费方式向乡村辐射，促进县域投资需求和消费需求的增长与升级。

县城是促进供需对接的纽带。供需对接是建设全国统一大市场与畅通国内大循环的必然要求。县城是县域产业链、供应链升级的集聚地，也是县域的消费集中地。以县城为中心优化产业链、供应链，能够缩短消费者与市场的距离，促进供需有效对接，助力国内城乡经济大循环。

5. 优化区域发展布局需要以县城为战略引领。优化区域经济布局以促进区域经济高质量发展，迫切需要具有引导能力的县城作为区域经济网络的连接点与支撑平台，发挥对资源要素流动与交换的组织协调作用，引导要素交流和产业互动，推动资源要素优势互补、联动发展。

县城向上承接大中城市疏解产业与产业链的协同延伸，可以优化区域分工。县城依托与大中城市产业的协作，与当地特色产业的协同，既可以在区域经济格局中"扮演"好独特的角色，在空间上融入都市圈，优化区域经济分工，也可以在县域内形成增长极，提高产业竞争力、区域辐射力。

县城向下带动县域产业一体化发展，可以优化产业布局。县城具有在县域层面整合资源和集聚要素的功能，可以通过建设有特色、有规模的产业集群，发展商业、生产性服务业等，引领构建"县—镇—村"分工合理的产业空间布局，促进农民就地就近就业创业，从而形成从大中城市到县城再到乡村的完整的经济"生态体系"，促进区域内资源要素的优化配置，提高区域经济的系统性、整体性、协同性，为区域经济高质量发展提供有力支撑。

二、制约县城战略功能发挥的难点堵点

在城镇化进程中，以县城为主要载体的县域城镇化取得长足发展，县城基本上实现了规模扩张、功能提质。但在湖南调研发现，与协同推进新型城镇化和乡村振兴的要求相比，县城的综合承载能力与承担的使命不匹配，面临需要破解的七大难题。

1. 特色产业缺乏差异化发展战略。县城与县城之间产业同质化问题明显，缺乏工业主导型、文旅主导型、农产品加工主导型等分类明确的差异化发展战略，缺乏整体布局。

承接转移的产业层次低。以各类开发园区为平台，以产业承接转移的名义，引进一些同质化程度较高的初级加工产业。该类产业以电子加工、衣服鞋袜加工、农产品初加工、轻工产品加工等劳动密集型产业为主，由于行业准入"门槛"相对较低，该类产业在不少县城大量存在。

产业单一重复。不少地方为了尽快完成经济发展任务，照搬其他地区的产业，打造一些产业项目和产业园，由于缺乏对市场的充分了解，不少产业项目出现单一、重复、缺乏配套等问题，

无法有效规避市场风险，甚至出现"头年一哄而上，来年一拍两散"的情况。

未立足当地资源优势。只注重眼前经济利益，没有注重利用当地资源推动区域协作共赢，如盲目发展光伏、风电等新能源产业，这些产业存在产业链条短、附加值不高等问题，更多靠政府补贴，缺乏带动力。

2. 产城融合水平普遍偏低。 多数县城产城融合程度偏低，城镇化畸形发展，"土地的城镇化"高于"人的城镇化"，具体表现为"有城无产"和"有产无城"。

片面追求城镇化建设而忽视产业发展的"有城无产"。主要表现为片面追求城镇化的面积扩张，以获得土地财政的回报，不注重产业的导入与支撑、产业的转型和升级。有的热衷于"造城运动"，造新城、建新区，但缺乏支柱产业，产业集聚规模偏小，无法创造足够的就业机会，难以吸引人口集聚；有的追求城镇化规模快速扩张，不注重原有支柱产业的提升，而是引进一些短期内见效快的单一产业项目甚至是落后产业，导致一段时期后面临产业衰退、产业断层困境。

过于追求工业化而忽视市民化的"有产无城"。主要表现为在县城建工业园、盖大楼、修马路的投入力度很大，但市民化的配套建设严重滞后，无法为被吸引来的农业转移人口提供与市民均等的教育、医疗、保障性住房等基本公共服务。这种片面发展的思路导致产业工人流动性过强，影响企业发展和县城经济发展的稳定性，进而导致城镇化发展动力弱化。

3. 要素配置的政策支持不聚焦。 受中心城市的虹吸效应影响，很多县城的资金、土地、人才等要素紧缺，但资源要素的配置存在一定程度的"一刀切""撒胡椒面"现象，未能按照各自的特色主导产业分类定位，予以差异化政策的精准支持。

资源要素配置错位。不少县城在东、南、西、北各个方向都有发展，并冠以工业园区、开发区、经济新城等不同概念来发展，看似规模大、有声势，但事实上造成了"多业并举""遍地开花"的局面，从而导致资源要素配置失衡或浪费。

财政投入分散、碎片化。财政投入存在条块分割现象，关联领域的资金投入协同性不强，重复、分散等"撒胡椒面"现象较为普遍。部分地区思维僵化，创新运用财政政策工具不够，倾向于采用财政直投、直补的方式支持县城建设发展，运用政策性基金、金融保险等市场化机制较少，未能有效发挥财政资金"四两拨千斤"的杠杆作用。

4. 教育医疗等基本公共服务的竞争力不高。县城公共服务的竞争力普遍较低，导致优质资源要素外流，外地人才、资金缺乏进入的意愿，并影响到整个县域的基本公共服务水平，成为突出短板。

医疗环境差、公共卫生防疫能力不强。一些县城人民医院床位只有200张左右，却要承担县城10万人的公共卫生、基本医疗、预防保健业务，医疗卫生资源的供需矛盾非常突出。县城医疗卫生服务能力相对不足，导致群众到当地县城就诊意愿低，同时医卫人才难留住，县域乡村医疗机构难带动，形成恶性循环。

中小学教育的设施配套与大中城市存在较大差距，优秀教师流失严重。有的县城面积近年来扩大了一倍，人口和就读学生人数翻番，但是财政对城区的教育投入、教育资源配置没有同步跟进，教育资源严重不足与分布不均的问题十分突出。许多县城中小学的服务范围不仅包括城区，还包括整个县域乃至周边县市，教育财政投入难以满足设施配套需求。同时，养老服务设施短缺、幼儿的托育机构短缺也是许多县城面临的突出问题。教育服务能力的不足，对人才培养、人才引进、招商引资等均带来负面效应。

5. 可持续发展的考核机制不健全。县城发展规划存在实施、评估和监督机制薄弱的问题，不同届的党政主要领导有不同发展思路，随意修改前任制定的规划、思路，甚至重打锣鼓另开张，出现"一任领导一个新花样，一届班子一项新举措"的现象，不仅损害了发展规划的严肃性和权威性，还容易产生"半拉子工程"，导致人力、物力、财力的巨大浪费，使本不宽裕的县级财政雪上加霜，影响了县城的持续、稳健发展。

究其根本，还是县域可持续发展的考核机制不健全，才会导致有的发展规划从编制到实施都问题不断，目标脱离实际，缺乏可操作性，才会导致有的新上任领导干部热衷于"重起炉灶"，急于出"政绩"。有的县市党政主要领导到任就换思路，工作两年就离开了，又没有将规划的实施情况纳入对领导干部的考核，这在一定程度上助长了急于出"政绩"的短期行为。

6. 市场体系建设滞后成为突出短板。县域市场体系是畅通国内大循环、促进城乡消费的重要支撑，而县城作为县域市场体系的核心，短板突出表现在 3 个方面。

基础设施建设水平相对不高。尤其是物流设施网络不健全，信息化、标准化程度不高，自动化装备应用程度较低，高新技术难以得到推广，多式联运配套衔接不畅，末端配送设施等的建设亟待加强，存在投入不足、建管用护水平落后等问题，一定程度上阻碍了人员、商品和信息流通。

商业网点运营水平不高，整体竞争力不强。近年来，各地以县城为龙头，以乡镇为站点布局建设了一批商贸网点，但县城商贸网点服务功能单一，发展不均衡，多以商品零售为主，很少兼顾其他生活服务、信息服务、配送服务，可持续经营水平和存活率偏低，难以发挥对县城及乡村有效的消费带动作用。

供应链建设滞后导致产品流通不畅。县、乡、村三级物流体系建设情况不够乐观，县城物流分散，冷链设施配套不足，部分偏远山村快递服务缺位，"快递进村"难以全面实现。县乡村商贸物流、农资物流、电商物流、农产品消费等领域基本各自为政，以县城为中心的物流体系覆盖面不广、效率低、成本高。这些情况客观上导致县域农副产品融入供应链的程度有限。

7. 县城建设的标准化水平严重滞后。长期以数量、规模与速度为发展导向，使县城建设的质量标准大多不高，存在品质低、使用年限短、安全隐患大等现实问题，不少建设项目要么闲置，要么推倒重复建设，导致资源浪费严重，资源与环境矛盾突出。不少县城在快速发展中，对道路、休闲运动娱乐设施、文化场所的建设投入力度很大，但后期的管护缺乏标准，管护不到位，导致前期投资难以发挥应有作用。

一些县城推进环境整治，由于缺乏标准，完全按领导的重视程度推进，"运动式"整治现象比较突出，"专项整治""专项行动"成为环境整治的抓手，政府投入了大量的人力物力，但"运动"过后又回到原地，缺乏可持续性。在为群众提供公共服务上，以"群众满意不满意"为标准太虚，缺乏具体做到何种程度的标准，令服务部门无所适从。一些县城新建小区缺乏物业管理，导致新小区的脏乱差问题比老旧小区还突出。

三、全面提升县城战略功能的关键之举

全面现代化最繁重的任务集中在县域，国内大循环最艰巨的任务集中在县域。实施"强县城"战略，需要以破解不平衡、不充分发展的社会主要矛盾为主线，以城乡融合发展为有效突破口，确保城镇化与乡村振兴协同推进。

1. 以差异化分工布局提升特色产业竞争力。中国各县城地理条件、资源禀赋、产业基础不尽相同，只有立足当地比较优势，根据工业主导型、文旅主导型、农产品加工主导型等分类定位优化布局，才能形成独特的竞争优势。因此，需要结合新一轮特色县域经济强县工程，把县城作为突破口与重要载体，鼓励和支持各县市找准县城特点，错位化布局、精准化定位，集中资源支持发展特色产业。

坚持分类指导，重点支持大城市周边的县城。布局与大城市功能互补、协同配套的特色产业；支持农产品主产县的县城布局发展"一县一特"的下游产业与配套、延伸产业，形成一批带动全县、影响全国的具有独特竞争力的产业；支持生态功能区县城大力发展生态产业，以县城为集散中心，促进农文商旅融合发展；引导优势特色产业基础好的县城进一步强链、延链、补链，推动产业升级，加快形成各县城特色发展的差异化分工布局。

2. 壮大特色主导产业以提高产城融合水平。需要把对县域经济的支持重点放在培育发展县城的特色主导产业上，实现县城特色发展与产业特色发展相结合。

支持县城建设以特色主导产业龙头项目为依托的产业生态圈。对县城发展潜力大的特色主导产业龙头企业或龙头项目，在土地、税收、金融等方面予以重点扶持，支持县级政府围绕县城特色主导产业龙头项目布局全产业链，开展产业链招商活动，构建"特色主导产业龙头项目＋产业链＋项目集群"的产业生态圈，逐步形成特色主导产业集群的规模效应。

推动县城特色主导产业实现产城联动。引导县城以城聚产、以产兴城，支持每个县城聚焦特色主导产业，按"五好"标准建好一个园区，推动企业向园区聚集，支持县城依托特色主导产业，将产业相关元素融入县城规划、建设，推动"产"与"城"

在空间规划、功能定位上深度融合，打造一批独具特色的产业名城。

支持县城完善特色主导产业的配套设施。支持县城加强产业聚集区、科研平台建设，引导省内高校、科研院所与县城在相关产业人才、技术方面加强合作，对县城引进高层次产业人才提供政策支持；推动县城在营商环境建设上持续发力，打造政府、产业、社会信息互联互通的数字化平台，建设开放、包容的公共服务体系，促进创业创新，增强县城可持续发展能力。

3. 突出流通环节在市场体系建设中的战略地位。顺应产业转型升级和居民消费升级需求，需要把县城作为县域市场体系建设的重点，加大对县城流通网络建设的引导与支持力度。

积极发展以县城为中心的商品交易市场。支持县城立足区位条件与产业特色，建设改造跨区域工业品专业批发市场、日用消费品批发市场、农产品批发市场、农副产品集散中心，构建"市场＋平台＋服务"的模式，推行线上线下一体化交易。鼓励大型流通企业、电商企业以县城为枢纽，建立区域配送中心，共建共享仓储等设备设施，大力发展城乡共同配送。

支持县城建设联结城乡的物流网络。完善县域物流基础设施，支持每个县城因地制宜打造一个综合性物流园区，依托园区打造县域产地农产品冷链物流中心。同时，完善县、乡、村三级物流体系，支持各县加快补上农产品产地冷库建设的短板，整合供销、商贸、交通、快递等各类资源，探索农村物流共同配送模式，打通农村物流的"最后一公里"。

推动县城搭建城乡消费联动的互联网平台。鼓励县级政府整合资源，在县城建设集人才培养、电商孵化、电商平台打造、电商运营服务等于一体的电商公共服务中心，加强培育零售电商、批发电商、直播电商等新模式，打造县域特色电商平台与展示交易公用空间。引导互联网头部企业依托电商平台，以县城为集散地，发展集中采购、统一配送、直供直销等业务，拓展城乡产销对接渠道。

4. 教育、医疗和人口等方面的公共政策优先向县城倾斜。县城公共服务水平在很大程度上决定着人口承载力与吸引力，需要推动教育、医疗和人口等方面的公共政策优先向县城倾斜，将大企业、高校、大医院逐步转移至省会城市和地级市的周边县城。

加大对县城教育的支持力度。支持改善县城中小学办学条件，有效消除大班额，落实国家县域普通高中发展提升行动计划，确保所有县城高中达到标准化建设目标和生均公用经费标准。严格招生管理，落实"公民同招"和属地招生政策，严禁省会城市和地级市中学违规跨区域掐尖招生。优化教师配备，加强对欠发达县域优秀教师的定向培养，严禁省会城市和地级市学校到县城抢挖优秀校长和教师。支持省会城市和地级市优质中学与县城中学开展联合办学。推进县域内学校联合体建设，探索县城优质学校与乡村学校实行集团化、一体化办学模式，提升县城对乡村教育的带动力。

强化县城医疗卫生服务能力建设。支持县级医院提标改造，使所在县域人口达 50 万以上的县级医院具有三级医院设施条件和服务能力。加强县级疾控中心建设，依据相关标准配齐疾病监测预警、实验室检测、现场处置等设备。推广紧密型县域"医共体"建设模式，推进大城市三级公立医院与县域"医共体"组建"医联体"，提升县域医疗服务能力与水平。

加大支持县城人口政策力度。加大对农业转移人口市民化的支持力度，创新生育、购房等方面的激励政策，提高县城吸纳农业转移人口落户的积极性。支持县城发展养老托育服务，建好、管好公办养老机构，引入社会力量建设社区居家养老服务网络，发展普惠性托育服务，探索社会托育服务、社区托育服务、用人单位托育服务等模式。

5. 建立发展规划红线管理制度。为防止出现"换一任领导换一套思路"和"只顾眼前、不顾长远"的行为，需要建立健全发展规划红线管理制度。

强化县城发展规划的严肃性。省、地市、县市三级政府均成立城市规划委员会，县级规划委员会负责对县城规划重大事项进行论证、审议，地市级、省级规划委员会均应对县城的规划编制进行审查、指导，以票决制形式对县城规划事项进行审议、审查，避免出现规划决策的"一言堂"和"一任领导一套规划"现象。

强化县城发展规划的约束力。健全对县城投资项目的审查审批机制，县城投资决策必须坚持"不规划不投入"的原则，要求项目跟着规划走，把县城发展规划确定的各项指标以及禁止性、限制性行为，作为约束投资建设的基本准则，偏离与违反规划的，明确各级部门不得审批、核准和备案。

强化县市党政领导的底线约束。把发展规划实施情况纳入县市党政主要领导干部的年度考核，并作为离任（任中）审计的重要内容，将任期内未经法定程序随意调整、修订县城发展规划，有规划不实施、另搞一套，在制定政策、审批项目、开发利用资源、安排财政支出时违反发展规划的强制性和约束性规定等行为划定为红线，形成制度约束。

6. 全面放权激活基层探索与群众首创的活力。要从管理体制上为县城发展"松绑"，通过深化扩权强县改革，扩大县域发展自主权，激活基层探索与群众首创的活力。

向县市全面下放经济社会管理权限。进一步理顺省、地市、县市的权责，按照"市县同权"的要求和"能放尽放"的原则，全面清理省级、地市级政府对县域发展的管理权限，形成一揽子下放计划，统筹下放县市可以承接的行政审批、资源配置、市场监管等经济社会管理权限。结合"放管服"改革，建立县市权力清单，将下放的权限纳入政务服务平台管理，提高权力运行的透明度。

全面提升县市资源保障能力。进一步完善省财政直管县体制，探索进一步减少地市层级参与的机制，如县市财政收入除上划中央和省级部分外，全部留归当地使用，进一步降低税收中省级的分成比例，提高县级财政保障能力。建立县市与省直部门直接对接机制，实行审批直通、项目直报、资源直达。

全面激发基层活力。持续整治清理乱摊派、"文山会海"、检查考核加码、"指尖"歪风等问题，推动为基层减负工作常态化、制度化。结合政府职能转变，深化县级行政机构改革，压减财政供养人员，推动编制资源向基层下沉，提高基层工作能力。将群众获得感、幸福感、安全感作为县市干部实绩考核的核心内容，引导各级干部把群众利益摆在首位，尊重群众意愿，维护群众权益，激发群众活力。

7. 以标准化引领发展质量变革与市场需求变革。县城迫切需要以标准化支撑产业质量提升、激活市场需求、规范社会治理、促进要素流动，从而形成对县域经济高质量发展的示范引领。

实施县城标准化发展工程，鼓励县市聚焦县城优势产业、城市建设、公共服务、社会治理，发挥行业协会的引导作用、龙头企业的带动作用和群众的主体作用，依据国家标准体系要求，加强地方各领域标准的研制，形成广覆盖的县城高质量发展标准体系。推动县城组织各类市场主体开展对标达标行动，建立健全监管机制与激励机制，引导市场主体贴标亮标，用标准化手段提升产品质量、培育品牌。推动县城将标准化融入城市建设、公共服务、社会治理的各个方面，压实各级各部门工作职责，建立标准化工作的考核机制、督查机制、奖励机制、社会公众监督机制，充分运用宣传教育、示范引导、评比创建、志愿服务等形式，组织发动群众参与标准化，形成合力，使县城各项工作全面进入标准化轨道，引领县域经济社会高质量发展。

8. 以强县城为引领形成一批区域性中心城市。发挥新型城镇化与乡村振兴的双轮驱动作用，迫切需要具有支配效应和带动力强的中心城市发挥龙头带动与组织协调作用，促进各县城与省会城市、地级市之间的合作互动，建设区域大市场，形成区域核心竞争力。由于地市级中心城市辐射范围有限，需要大力支持一批交通区位条件优越、产业集中、内外贸易较发达、人口资源丰富的县城，打造成为区域性中心城市，为整体推进县域经济高质量发展提供强有力的支撑。

支持有条件的县城整合资源建设区域性产业集聚区，加快传统产业升级、新兴产业培育及区域产业链合作，发展现代新型物流业态和跨区域的商品市场，引领形成区域产业分工合作的新格局。

支持有条件的县城建设股权交易中心、特色资源交易平台、金融产权交易平台、资产证券化平台等多层次的区域性资本市场，加强对区域资源要素的组织协调，提升对周边区域的辐射能力。

支持有条件的县城与周边功能互补的小城镇、县城建设新型城镇群（带），推进城镇间软硬件设施的联通对接、产业集聚发展，增强服务功能、集散功能、创新功能，促进县域之间、城乡之间的资源要素优化配置。

第九章　余　　论

党中央提出"民族要复兴，乡村必振兴"的时代主题，是围绕实现第二个百年奋斗目标、推进中国全面现代化作出事关全局的系统性、深层次变革的战略部署。战略决策确定之后，战略指向的政策便是决定因素。因此，乡村振兴战略的落脚点、着力点和突破口的关键是政策在基层落地，这事关中国农业农村现代化的顺利推进，更影响到第二个一百年目标的实现。

一、乡镇工作岁月是受用一辈子的宝贵财富

中国的改革开放是从农村开始的，到 1992 年我到乡镇参加工作时，还是农村改革的黄金时期。我在衡阳县一个乡镇工作，那时农产品仍然处于相对短缺状态，但由于农村已逐步放开农产品交易，农民种的东西都能卖出好价钱。在某种程度上，农民只要勤劳肯干，就能够实现劳动致富。在完成国家供应粮任务后，农民可以私下进行小额交易。有一幕让我至今印象深刻，老乡们在田里销售稻谷，每百斤最高能卖到 80 元钱，与今天的价格相比，1992 年的这个价格对农民有极大的诱惑力，提高了农民的种粮积极性。

记得那时乡镇计划生育与农业税征收工作并不是很难推进，我任乡团委书记，都不用特别发动，只要高音喇叭一招呼，农民朋友们就积极响应。无论是征收农业税，还是布置其他工作，老乡们都很配合。单说征收农业税，老乡们会在规定时间主动到村

会计那儿统一结账，没有上门强制征收一说。由于农村经济比较好，农民的收入水平与城市居民相比都不算差。我哥哥当时已是万元户，他说我一个月工资才 50 多元，一年的工资不及他一顿饭钱，要我辞职跟他干算了。我看到一个数据，改革开放发展到1985 年时，新中国第一次出现农村消费占全国绝对比重的态势，农村社会商品零售总额占全国的 64%，1985—1992 年，应该说是农村经济发展的黄金时期。

我作为年轻基层干部，到外地乡镇工作，会经常向当地经验丰富的乡干部、村干部请教，了解当地的风俗习惯。因为不了解地域特点和农民朋友的现实需要，就难以融入乡村社会。执行政策时，上面有什么要求，农民有什么困难，需要全面了解后才能做好结合的文章。上面规定的任务要完成，但要在理解农民的实际困难和农村的客观现实基础上完成。比如计划生育政策，如果"一刀切"地推进，恐怕我们绝大多数乡镇干部会被农民赶走，甚至随时有生命危险。

我就想，能不能探索出一种农民可以接受的方式，去推动政策的制定和执行。就不断跟乡镇干部、村干部积极沟通，向农民学习。尽管我是农家子弟，但农家子弟与能不能做好基层工作是两码事，乡镇工作是一门书本上没有的大学问。

那时的乡政府机构只有 20 多个人，人不多，公务员编制更少。乡党委、政府的班子成员、团委书记、司法助理、民政助理、办公室秘书、妇女主任，正式编制就这几个。再就是国土员、水管员、文化员等所谓"八大员"，组织架构差不多就是这样。

可以说，我亲身经历了农村改革与发展的时代变迁。1989—2003 年，农产品由卖方市场转向为买方市场，出现了改革开放以来的农村经济危机。同时，随着 1984 年党的十二届三中全会的召开，中国改革的重心从农村向城市转移，以工业化为基础的现代化不断加快，农村的资源要素开始向工业和城市快速单向流动，这是非常大的时代变迁，也是我在农村开展工作的时代背景，我们这一代人对此感触很深。

二、农民为中国的现代化作出了无与伦比的贡献

然而，从人民公社化运动开始，我国一直处于"以农养政"的时代，国家公共财政向工业和城市倾斜，而全国占比82%左右的农村人口，则很少能享受到，如农村的义务教育全部需要通过农民缴纳教育附加、集资建校来解决。农村的水利、道路、电力等基础设施建设都由农民出力、出钱，由带粮农民自己负责。

在那个时代，农村基础设施建设和公共事务，主要由农民自己出钱、出力。农民缴纳的税费包括农业税、特产税、教育附加费，还有"三提五统"。人口高峰期要建很多乡村学校，还有修建乡村公路、水利等基础设施，都需要农民出钱，那时农民的负担很重。农民与乡镇干部的关系发生了快速变化。

2000年，我被调到一个因农民负担问题过重而被全省通报的乡镇任镇长。该镇当时发生了群体性突发事件，县、镇两级主要领导都挨了处分。这个镇是一个农业大镇，号称"衡阳粮仓"，是衡阳县难得的平原地区。不少地方人均耕地只有几分地，这里则人均几亩地，但相应的农民的税费负担也很重。当时粮食价格大约是35元100斤，粮站收购时要把水分杂物去掉，100斤差不多是27元。本来负担就大，种粮又亏本，再强制要求缴各种税费，农民势必抵制，因为基本上没有钱缴税。即便干部有再好的作风，遇上农民有经济困难，税费政策也会很难执行，强硬执行无疑会引发严重的社会矛盾，群体性事件就这样发生了。干群矛盾不断激化。

我刚开始到乡镇工作时，农民与乡政府关系比较融洽。到每家每户走访，农民都比较客气，热情招呼我们去他们家吃饭。后来，随着粮食价格的不断下跌与农民负担的不断增加，我们与农民的关系逐渐疏远，入户走访时再也没有热情招呼的事了，农民都巴不得我们早点走，甚至赶着我们走。

三、站在农民立场来考虑政策的制定和执行

重大的政策变迁发生在 2003 年，这一年的中央农村工作会议首次提出把解决好"三农"问题作为全党工作的重中之重。2004 年发布了 21 世纪第一个关于"三农"的中央一号文件，中央一号文件从此成为"三农"问题的风向标。特别是 2004 年召开的十六届四中全会提出了"两个趋向"的重大判断，标志着"三农"政策的历史转轨。也就是说，在工业化、城市化初始阶段，农业支持工业发展和城市建设，因为社会积累主要来自农业、农村、农民。当工业发展到一定阶段，中国逐渐成了世界工厂，社会财富发生转移，就进入了以工补农、以城带乡的发展阶段。

2004 年，我作为镇党委书记，在第一线具体落实新世纪第一个中央一号文件，不仅减去农民 3% 的农业税，免去特产税，实行种粮、农机补贴，还实行了粮食最低收购价（大约每 100 斤 75 元），这是惠农强农的真金白银政策，我当时由衷地认为这是一个激动人心的时刻。农民和政府的关系又开始融洽了，全面完成了当年的农业税征收任务。相比上一年，100 斤稻谷能增加近 20 元钱收入，同时还有一系列惠农补贴，是中国有史以来政府第一次如此大规模地补贴农民。2004 年衡阳市电视台到我所在的三湖镇拍了一部新闻纪录片，叫《三湖镇的春天》，该纪录片还获得了中国新闻奖。从 2005 年党中央提出新农村建设，到现

在的乡村振兴，国家财政投入农村的力度不断加大，尤其在脱贫攻坚阶段，投入农村的规模与力度不仅在中国是史无前例的，在世界范围内也是史无前例的。

习近平总书记指出，农业农村工作，说一千、道一万，增加农民收入是关键。如果农民收入没有增加，农民生活得不到改善，再好的政策也是一句空话，再扎实的工作也是白费力气。曾经的农民负担过重使基层政府与农民的关系一度出现对立，到21世纪第一个关于"三农"的中央一号文件出台时，农民欢欣鼓舞，由衷感谢党和政府，对党的拥护是发自内心的，都说党和政府的惠农政策好得不得了，我作为镇党委书记也感到特别振奋。同时我开始思考，怎么站在农民的立场来考虑政策的制定和执行。

作为一个乡镇干部，我亲身经历了从农业中国到工业中国、从乡土中国到城镇中国的时代变迁，见证了从传统农业到现代农业的发展进程。以前都是牛耕，用人力插秧和收割，早稻收割时节要全面动员机关干部下乡帮农民抢收、抢种，"农忙"差不多持续一个月。现在有提供各种社会化服务的专业经营主体，无论是山区还是平原都基本实现了机械化作业，早稻收割时节差不多一个星期就可以全部结束，这是传统的农业生产方式不能比的，效率极大提高，也极大地降低了农民的劳动强度。

四、对农民有没有感情决定着有没有良知和底线

一般来说，政策是针对全局性、普遍性问题而制定的，但各个地方的情况不尽相同，上面的政策和文件不可能包罗万象，这就要求在实际工作中不能一切照搬本本。再伟大的理论，解决的往往只是一般性的问题，如何应用，要靠自己去思、去悟、去实践、去完善。因此，文件和政策与现实情况不符时，就要敢闯

"禁区",创造性运用政策;文件和政策没有体现基层存在的特定情况时,就要敢闯"盲区",敢为天下先。特别是需要落实到千家万户、落实到每一个老百姓身上的政策,更需要做好与具体情况相结合的文章。如果不顾客观实际,强行推行"一刀切""齐步走",一旦偏离,就会影响到农民的切身利益,也会危及党群干群关系与社会稳定。从党的根本宗旨出发,对农民有没有感情,是检验制定政策和执行政策有没有良知和底线的标准。

我在基层任职时,有一次带着几个人去农村开展计划生育工作。有一户人家的超生夫妇都外逃了,只有两位老人在家,家徒四壁,唯一值钱的就是楼上放置的两具棺材。同去的干部提出把这两具棺材抬走,于是把棺材从楼上抬下来,准备搬走。两位老人当即落泪,我看到后心里很是不忍,就说:"今天太晚了,不搬了,明天再来吧。"回到单位,我解释说,我们都是在农村成长起来的,应该明白这两具棺材对这两位老人的价值和意义,如果今天把棺材抬走,他们连活下去的希望都没有了,说不定会绝望而喝农药自杀,我们这一辈子都会受到良心的谴责!如果他们是你的父母亲,别人这样做你会怎么想?也就是说,对农民有感情和对农民没有感情,会是不同的态度。当然,要具体情况具体分析,如果不分青红皂白搞"一刀切"的一碗水端平,引发社会问题是必然的,不出问题是偶然的。在那个特殊年代,我深有感触。

受党中央惠农政策的影响,在担任镇党委书记的 2003 年,我就提出在全镇喊响口号:"深入最落后的村组,帮助最贫困的农户,团结最广大的群众,解决最迫切的问题。"因为古往今来,如何对待贫困群体,决定着一个朝代的兴衰,这不仅是一个重大的社会问题,还是一个重大的政治问题。善待贫困群体,可使社会矛盾缓和,预防社会裂变,有了稳定的社会环境才有可能全力发展经济，才有可能走向繁荣。2003—2005 年，镇党委、政府连续3 年下发《关于对特困户扶助的意见》的一号文件，每年由各村村民公开评定特困户，共 300 多户，张榜公布无异议后作为定向扶助对象。不仅要根据贫困农户的贫困程度采取相应的减免缓政策，还要通过各种渠道帮助他们脱贫致富。这些举措极大地改善了党群、干群关系，树立了党和政府在乡村基层社会的良好形象。

党的政策根本目的是人民的利益，如果没有树立党的宗旨这个大局观，对农民没有感情，甚至夹杂着部门利益、小团体利益和个人利益，在执行政策时，可能就不会有具体情况具体分析的意愿，认为自己只负责政策的执行，不负责政策执行的结果，被执行对象的死活也与自己无关。因此发生了不少群体性事件，处分了不少干部，也伤害了人民群众的感情。有些被处分的干部却认为自己认真执行了政策，只要被上级推出来背锅，没有意识到自己的问题。当然，如果是违法犯罪，那就是另外一回事了，肯定是要依法追究严惩。但在基层执行政策时面对的大多是人民内部的矛盾，执行政策的对象是人民群众，就要考虑到很多复杂的情况。

五、对农民的法定权利应始终保持敬畏之心

有人认为，农民只看到即时的短期利益，看不到长远的利益，或者说不能理解长期利益。这个问题应该怎么解决？关键在于政府要取信于民。每届政府都有任期，期满后就离任，虽有指标考核，但也有可能出现一些短期行为、短期工程。农民看到政府如此，他们可能会想：我可以配合政府工作，但必须把我的利益放进去。农民是知道怎样博弈的，千万不要低估农民。我们的干部是否对群众有感情，会不会站在群众的立场，是不是从群众的利益出发制定和执行政策，群众都看在眼里、记在心里。农民用小推车推出当年淮海战役的胜利，就是为了保卫自己的利益。

如果他们看不到未来，只能看到现在，那政府就让他们看得到未来。如果干部真正维护农民利益，农民就会积极配合。如果干部不是真正切实维护农民利益，农民可能会选择性配合。

有人认为，脱贫攻坚政策，包括贫困户认定与退出政策，存在执行难题。对于绝对贫困户的认定，应该是没有争议的，问题出在边缘群体，就是贫困差距不是很大，却因列不列入贫困户而导致享受的优惠政策差别很大，由此感到不公平。这实质上是一个程序正义问题，湖南十八洞村的贫困户认定没有异议，因为都是由农民共同公开评出来的，不是由干部评出来的。有些地方农民不认同某些决策，可能就是因为没有尊重农民的主体地位，没有敬畏农民的民主决策、民主管理、民主监督的权利，越过农民替农民做主，忽略了程序正义。

村里开村民大会，让全体村民共同认同这个决定，这个问题不大。但具体工作时，就可能会出现效率和公平的矛盾。无论如何，不能为了效率牺牲公平。脱贫攻坚本来就是公平优先，不是效率优先。如果是效率优先，就很难想象会花这么大力气扶贫，把钱投向偏僻而贫困的落后地区。从政治上考虑，脱贫攻坚是民心工程，是为了最广大人民的利益，让党和人民群众永远紧密联系在一起，所以需要把好事做好。

我在镇党委书记任上落实 2004 年中央一号文件时，首次开展粮食直补、良种补贴。村干部不解：为什么我们一方面要收农业税，另一方面要先把钱发下去再收钱，这样效率太低了。我回应道，这是第一次给农民发钱，必须让农民直接感受到党的好政策，让农民感受党的关怀。这不是效率的问题，是一个政治问题，在我们镇，如果哪个人敢从这方面打主意，搞所谓的效率，我就要毫不客气地严肃追究他的责任，这样能极大地赢得农民的信任，提高党和政府在乡村社会的公信力。

在实行民主决策、民主管理、民主监督的过程中，可以以村民小组为单位开会征求、收集农民的意愿，也可以通过微信、短信以及互联网平台全方位征求、收集农民的意愿，通过召开党员组长会议形成初步方案，再提交村民代表大会、村民大会，公开透明地决策。让农民清楚如果接到开会通知却不参加会议就是弃权，参加会议就是行使了自己的民主权利。因为通知开会有短信记录、微信记录，有了这些保障，程序正义就能得到群众认同，群众就难有太大的意见。民主决策表面上看效率很低，但程序正义保障了决策结果的正义，提升公信力，也使执行的效率大幅度提高。凡是尊重村民自治的民主决策程序，交由农民决定的，农民意见都不大，湖南十八洞村就是典型代表。

六、警惕官僚主义向乡镇蔓延

调研时发现，现在基层工作量比较大，"上面千条线，下面一根针"，要落实上面的政策，基层压力很大。

我担任镇党委书记的那段时间，曾被认为是乡镇工作最艰难的时候，要完成"要钱、要粮"的艰巨任务，工资经常没有保障。可我感觉，那时基层的工作压力没现在这么大。因为那时乡镇党委、政府相对独立性强，且交通、信息不发达，任务主要是财政税收、计划生育、社会稳定，考核也很简便，无需填没完没了的表格、报没完没了的资料、开没完没了的会议、学没完没了的文件，只要确保经济发展与财政税收的"银子"、计划生育检查考核的"底子"、社会稳定不出群体性事件的"面子"，全年工作就大功告成。

在农业税全部取消后，乡镇干部工资由县级财政承担，实行"村财乡管、乡财县管"。由资源吸纳的"乡村养县"，变为财政反哺的"县养乡村"。同时，随着交通、信息日益发达，上级各个部门能够非常简便地把自己的权力、目标和政绩延伸到乡村，在属地管理的口号下，不管乡镇有没有这个职能，都可以以县的名义下达乡镇任务并进行考核。在这种情况下，上级各部门的目标任务成了乡镇工作的指挥棒，这么多党政部门都将任务和目标下达到乡镇，远远超过了乡镇的自身能力，服务农民就成了一句空话。

在某种意义上，乡镇政府是国家向农民提供的公共产品，最根本的是乡镇政府必须对农民负责，也就是对中央和国家负责，与习近平总书记反复强调的要"以人民为中心"相一致。因此，财政支付不是上级对下级、政府对农民的慈善与施舍，而是履行法定的公共职责，要做到公开透明。具体做什么，得靠乡镇党委、人大、政府根据实际情况自主决定，而不是围绕上面"一刀切"的量化指标确定。即既要完成上级部署的"规定动作"，也应该有基层根据实际情况做出的"自选动作"。如这个村可能最紧急的事是兴修水利，另外一个村可能是修路，不需要每个村都一样，也做不到一样。如果只对上负责，一旦官僚主义的意图强加于乡村基层之上，可能就会因为需要完成不符合客观实际的考核指标而走向形式主义的泥潭。

这也不是说要取消下达必要的任务和考核，而是说目前有不少任务和考核是不符合客观实际。比如有的地方要求乡镇必须完成农村党员违纪的任务，没有完成任务就要扣分，也就是不容许没有违纪党员的乡镇存在。按照《中国共产党章程》要求，发展党员必须坚持个别吸收、入党自愿和"成熟一个发展一个"的原则，可有些地方下达了发展农村新党员的指标任务，多一个不行，少一个也不行，还有各个年龄阶段的结构比例指标，实际上严重地违背了《中国共产党章程》的规定。

我不能说这些文件是有意违规，只能说起草文件的干部，可能对乡村状况缺乏了解。因为现在各级机关里大多是从家门到校门再到机关门的"三门"干部，没有相应的农村工作经验，没有系统性学习党的政策，起草的文件只重理论创新和思路、方式创新，不少脱离基层现实。有些文件为了保证速度，未能深入基层调研和征求基层意见就匆匆出台，不仅很容易出现偏差，也没有准确贯彻党中央精神。

这里面是不是存在权责不对等的问题？乡镇经济权利上移后，在属地管理的原则下，上级部门很容易把自身的责任转移到乡镇头上，就是所谓的"上面请客，乡镇买单"。乡镇每年都要源源不断地接受层层下达的硬任务，几乎无所不包、无所不管、无所不干，乡镇政府成了无所不能的"万能政府"。例如，没有执法权的乡政府却要协助完成缉毒禁毒指标，有的地方甚至下达指标。本来没有吸毒人员是好事，但不完成上交吸毒人员的规定指标，就要被扣相关绩效考核分，有吸毒人员反而成了乡镇绩效考核的"业绩"。

在面向全面现代化的进程中，国家与农民、政府与社会、城市和乡村、工业与农业的结合点在乡镇，导致很多矛盾的焦点也集中在乡镇，乡镇的问题需要得到足够的重视，需要更多的人为农民发声、为基层发声。

七、建立乡镇政府的权力清单和责任清单

在现实中，乡镇大多时候需要执行公共政策，若上级的任务和当地农民的意愿发生冲突，怎么处理？这就需要明确划分县乡责权范围。县乡职能边界不清，使乡镇权责不等，导致责任层层加码向乡镇转移，让乡镇政府不堪重负。关键是要纠正属地管理的错误做法，以法定职责为依据，按照权责对等的原则，界定乡镇政府责任范围，划分县级党委、政府及其部门与乡镇政府的权责，以维护乡镇政府的法定权力，切实为乡镇减负减压。

同时，要在建立乡镇政府的权力清单和责任清单的基础上，赋予乡镇一定的自主权，以法律规定公开透明。如上级财政对每一个乡镇的基础设施建设、基本公共服务、基本社会保障的经费预算是明确的，但这笔经费什么时候干什么事，如今年修路、明年改水、后年改电，由乡镇自己决定，上级更多的是负责考核监督，而不是把手直接伸进乡村基层。

不管是哪个层级的政府，都是为人民服务的。乡镇政府当然也为人民服务，但现在可能出现为上级服务的倾向。因为乡镇政府为了完成指标任务，在很多情况下无法满足农民的意愿。如基础设施建设，修路并非一个村最紧迫的任务，可上级部门只安排修路，因为资金在上级部门，乡镇没有决定权，这个村可能路修好了，路灯也搞好了，但水的问题没解决，生产和生活都难以维持，农民无疑是不买账的。

什么叫政府供给侧结构性矛盾？就是农民最需要的不提供，提供的是农民不需要的，也就是农村公共产品有的供大于求，有的供不应求。乡镇政府在乡村社会代表国家，应该是为农民直接服务的政府，由于权责不对等，在"乡财县管"后，乡镇政府失去了作为一级政府的财政权力，丧失了经济独立性，沦为事实上的县派机关，乡镇的工作目标偏离农民的意愿就难以避免。

八、最关键是要有源自党的宗旨的底线意识

乡村振兴实践最重要的工作特质和能力是什么？换而言之，要把农业农村工作做好，最需要什么素质？首先，要有对地方经济社会发展的战略判断能力。对这个地区的资源禀赋、地理位置、历史人文环境等基本情况要了然于心，建立一个立体坐标地图，对这个地区的发展历程，现在是什么发展水平和处于什么发展阶段，未来往哪个方向发展，都必须做到心中有数，有了地图

才能决策，才能指挥作战。

其次，要了解党的政策。要懂政策，不是只懂皮毛，而是要读透。要综合各个因素以及外部环境来解读政策，不能孤立、碎片化，更不能把政策跟政策对立起来，那样会导致思维混乱。要用系统思维，用整合、优化的意识，做系统的分析，否则就是头疼医头，脚痛医脚，不得要领。

最关键的是，要有源自党的宗旨的底线意识。既要具体情况具体分析，更要对农民有感情，心怀人民。对农民有感情，是农业农村工作最根本的底线。对农民没有感情、没有情怀，农民是能感受到的。你对他们没感情，他们肯定不会配合你的工作，相应的工作就难以推动，即使强行推动也只会事倍功半。有时为了保护农民的利益可能要牺牲自身的小团体利益以及个人利益，甚至会给个人的前途命运带来风险，如果没有源自党的宗旨的底线意识，就不会有担当精神，很难愿意冒这个风险。

一些政策在制定和执行过程中有所偏离，就是因为或多或少的部门利益、小团体利益以及个人利益交织在一起，没有把握好取舍标准，伤害了人民群众的感情，也损害了党和国家的利益。有了情怀就有了担当精神，也就有了勇气和智慧。这样，在处理具体工作时就不会优柔寡断。部门利益、小团体利益以及个人利益与群众利益冲突时要如何取舍，每个政策制定者与政策执行者都可能遇到这样的灵魂拷问，如果没有底线、没有良知、没有情怀，就很难经受这样的拷问。部门利益与群众、基层利益冲突时以部门利益优先，与个人利益冲突时又以个人利益优先，久而久之，必然失道寡助。

九、从党的路线方针出发的研究才具有力量

在乡镇工作时，我经常用笔名发表文章，反映农村第一线问

题，甚至把文章发表到新华社内参，主要反映基层的呼声。我想，以相对独立的研究者身份，基于对基层情况的切身体会，从事政策研究会相对便利一些，影响的范围也可能更大一些，比把"官"做大更有价值和意义。

需要说明的一点是，我为农民、基层发声，都是从党的路线、方针、政策出发，根据党中央的战略决策和基本精神、中央领导人的要求以及农村基层的执行情况总结经验与发现问题，使中央的政策在基层落实而不走样，只有这样的研究才具有力量。

从事专业研究后，我懂得了自觉从历史的视野研判现实问题的重要性。在当下的实践中认为是一个问题，在过去的几十年、几百年甚至几千年是不是一个问题？在未来还会不会是一个问题？这就不能只从眼前看待问题，需要研究分析。正如习近平总书记强调的那样，要坚持用大历史观来看待农业、农村、农民问题，因为有了大历史观，就有了战略视野，由此再看社会发展的趋势和方向，研判问题就能洞若观火。

十、推进"一化三基"的乡村建设行动

乡村振兴怎么推进，在我看来，当前阶段应以实施乡村建设行动为主。至于怎么推进，可以借用张春贤同志担任湖南省委书记时提出的"一化三基"概念，不同的是，我说的"一化三基"，"一化"指农业现代化，"三基"指乡村基础产业、乡村基础工作、乡村基础设施。

农业现代化就是用高品质的良种、高自动化的农机、高社会化的生产服务、高集约化的市场营销来不断提高农业的可持续发展能力。

乡村基础产业，主要是农产品的具体品种，如果没有农业，那就不是乡村，每个地方情况不同，村庄的基础产业也不同，应

该因地制宜发展能发挥当地优势的特色产业，这才是最有竞争力的产业。

乡村基础工作，主要是在治理层面。例如完善村民自治，这个工作要做得扎实，才能调动农民的积极性。成就一件事需要得到社会各个方面的支持，搞坏一件事可能只需要一个人。村"两委"建设、制定村规民约、成立合作组织等工作，都是很重要的基础工作。人才问题也很重要，在经济发展落后的乡村，往往存在一个怪圈：一方面人才极缺，无论是乡镇的领导班子，还是村级负责人，普遍存在后继乏人的现象；另一方面又设立了很多条条框框，使适用人才难以发挥作用，加剧了人才匮乏和经济落后。因此，迫切需要组建愿干事、能干事、干成事的乡村干部队伍。一方面，必然要强化党纪政纪的严格管理，把纪律和监督放在前面；另一方面，要敢于下放权力，不拘一格选人、用人。对于具有突出才干的，要敢于打破身份、年龄、学历等条条框框，唯才是举，特别是对那些经过复杂环境锻炼又有突出才干的干部，即使有过问题也可以大胆使用，在严管厚爱的条件下用其所长、避其所短，做到人尽其才、才尽其用。动员离退休干部、知识分子和工商界人士"告老还乡"，发挥乡贤作用，推动人才下乡。把对乡村教师、医卫人才进行定向招生、免费培养、定向就业的培养政策，扩大到农村基层各类专业人才，壮大乡土人才队伍。

乡村基础设施，主要是在水、电、路等方面的建设。推进乡村基础设施建设，不是要求每个地方都"齐步走"，可以一个一个屋场、一个一个村民小组、一个一个村落来推进，由量变到质变，一个一个美丽的屋场连起来，就是一个美丽的村庄。

到2050年实现乡村全面振兴，这是一个马拉松式的长期工程，是一个从量变到质变的历史进程，需要一年又一年接续努力。

后 记 |POSTSCRIPT|

　　我是一个农家子弟，祖祖辈辈都为农民，在 20 世纪 90 年代到乡镇工作，有 14 年乡镇工作经历，并担任过镇长和镇党委书记，见证了从征收农业税到取消农业税这一进程中，乡村社会发生的一系列历史变迁。如何在城市与乡村、工业与农业、政府与市场、国家与社会、农民与土地等多重关系中进行准确定位，是所有与我一样的农村基层工作者必须时刻面对、时刻思考、时刻处理的现实焦点问题。因此，关于农业、农村、农民问题，我积累了大量的第一手现实资料，并触发了投身"三农"研究的初心。30 多年来我始终带着一份浓浓的基层情怀，始终坚守以维护农民权益为出发点的基本立场。

　　从镇党委书记岗位调入湖南省社会科学院从事"三农"专职研究 14 年，4 年前进入高校智库工作，我深深感受到"知难行易"与"知易行难"的理论与实践的碰撞。在理论层面，一般要求将一定数量的个案抽象为普遍认识，从历史的视野观察现实问题，更多地注重严密的逻辑性与规范性，强调的是战略性和前瞻性。而在实践层面，注重的是如何对千差万别的问题执行统一的政策和措施，如何面对社会的快速变化和不断出现的新情况、新问题，以及根据复杂的差异性进行具体情况具体分析，如何从政策要求、农民需求、行政效率和社会影响等多个维度观察现实问题，尤其注重解决问题的可行性、针对性，强调的是目标性和时效性。如何在理论层面、政策层面、实践层面推动"三农"问题和乡村振兴的相关前沿研究，就成了我的学术追求。

　　本书凝聚了我从党的十九大报告提出乡村振兴战略以来，围绕社会热点问题进行的研究的成果。为了反映农民和基层的呼声与愿望，回应党和政府的战略决策需求，推动"三农"政策和理论成为社会共识，对农村改革中出现的"合乡并村""合村并居"以及宅基地整治、环保禁养、丧葬改革等"一刀切"社会热点问题，作为"三农"学人，我及时提出了观点鲜明的针对性建议，在各方合力下，引起社会的重大关切并获得党中央的高度重视，包括中央主要领导人、国务院领导、中央相关职能部门和湖南省委省政府主要负责人的肯定性批示，推动了相关问题的有效遏制与解决。如2021年中央一号文件明确要求，"严格规范村庄撤并，不得违背农民意愿、强迫农民上楼"。2023年中央一号文件进一步明确，"严禁违背农民意愿撤并村庄、搞大社区"。第十三届全国人民代表大会常务委员会第二十八次会议通过《中华人民共和国乡村振兴促进法》，在国家法律层面要求以尊重农民意愿为基础，严禁违反法定程序撤并村庄，以严格规范村庄撤并，助力乡村振兴国家战略的顺利推进。

　　因此，本书是我对乡村振兴研究成果的全面整理，其中一部分是系列讲座录音整理，包括我指导的博士研究生李珺、汪义力根据录音整理完成的论文，还包括由我的团队成员陆福兴教授、瞿理铜副教授，以及博士后游斌、博士研究生王文强、周楠、李珊珊等共同调研完成的决策咨询报告。在此，对他们的合作与付出表示深深的感谢！

　　本书能够顺利出版，尤其要特别感谢中国农业出版社在《中国农业何以强》顺利出版后，继续对本书给予高度重视和热情支持，更要对责任编辑高专业水平与认真严谨的责任感致以深深敬意！

在本书即将出版之际，非常荣幸地获得了中国社会科学院学部委员张晓山研究员、湖南农业大学校长邹学校院士、中国人民大学"杰出学者"特聘教授程国强先生、华中师范大学政治学部部长徐勇教授、中国农业大学文科资深讲席教授李小云先生、武汉大学哲学学院李建华教授的点评鼓励，这也是激励我继续前行的信心和力量。

陈文胜
2023 年 4 月 8 日于湘江河畔岳麓山下